古生物学者、妖怪を掘る

鵺の正体、鬼の真実

荻野慎諧 Ogino Shinkai

NHK出版新書
556

まえがき

「私は化石を研究しています」というと「ああ、ピラミッドでしょ？」とよく返される。古生物学者が、化石業界の外にいる人と話をするときのことだ。

ピラミッドは日本においては考古学の範疇《はんちゅう》で、化石の研究をする古生物学とはけっこう違う。とはいえ、海外の過酷な土地で黙々と地面を這っている写真や、刷毛《はけ》でていねいに土ぼこりを払っている映像など、ぱっと思い浮かぶイメージが共通しているのだろう。両者の違いをごく簡単に説明すると、おおむね人類の歴史と関わりがあるのが考古学、ヒトと関係ないものが古生物学である。国内では文系・理系で大雑把に分けられていて、前者に考古学、後者に古生物学が含まれる。

いっぽう考古学者のばあいも、自己紹介で「遺跡の発掘をしています」というと「恐竜でしょ」と必ず言われるらしく、かなりイヤな思いをしていると聞く。世間は、ピラミッドと恐竜を的確に取り違え、ワザと古生物学者と考古学者とに嫌がらせをしているのかもしれない。

そんな古生物学を研究しているのが、筆者である荻野慎諧である。

私の専門は肉食の哺乳類化石で、クマとかイヌとかイタチなどの祖先の分類・記載[*1]や、それら化石種の分布や適応放散[*2]などが研究のテーマだ。調査地域は日本列島やユーラシア大陸の東側が中心である。

したがって本書のタイトルで最も目立つところである「妖怪」とは、もともと全く接点がなかった。

では「妖怪」と「古生物」が混ざる部分はいったいどこなのか。これは本書の肝となる部分であり、書くにあたったきっかけでもあるので最初にお伝えしておこうと思う。

「古生物学的視点で、古い文献に記載されている不思議な生物や怪異の記載を読み解くと、いろいろおもしろいことが見えてくる」

文系寄りの妖怪に対して、理系寄りの古生物学的なまなざしを持って見直してみようという試みである。古い文献に書かれたその当時の記載は、もちろん荒唐無稽だったり、のちに尾ひれがついたりした内容も少なくない。しかしながら、わからないなりに、真摯に目の前のものを描写した内容もあるはずで、その場合は従来のまま「不思議な怪異」「妖怪」と決め切るのは記録を残した当人の本意ではないはずだ。

この点、古生物学者の研究技術はこの検証に、わりと適していた。

その理由を2点ほど挙げてみよう。ひとつに古生物学の研究の手法としての「復元」という行為が挙げられる。文献記録の読解と化石を扱うことは間違いなく異業だが、私たちは日頃、不完全な化石の断片を前に、絶滅した生き物や古環境をあたかも見てきたかのようによみがえらせていく。その際に、ほんの小さなヒントから真実を推理する力（時には妄想力）[*3]が鍛えられている。これを応用すれば、文書中のわずかなヒントから真実に近づくこともできそうな気がしたのである。要は化石を発掘して観察し、その姿を想像するように、古文献を「掘る」ことで妖怪や怪異の正体に近づけるのではないか、というわけで

*1　人類が未だ認識していないものを報告するので、かなり大変な作業。
*2　それぞれの地域で環境に合わせて種が分化し、広がっていくさま。
*3　妄想部分は論文等に書かれないため、通常、表には出てこない。

ある。

ふたつめに、生き物について時間空間的な軸を持っていることも重要だった。「日本のオオカミの分布」であれば、明治時代まで生息していたことは知られている。「日本のカワウソ」も同様に、昭和まで生き残っていたことはよく知られていることだ。したがって絶滅したとはいえオオカミもカワウソも日本にいた、という前提にはだれも違和感を抱かない。ところが「日本のトラの自然分布」となると「日本にトラはいません」「人為的に持ち込まれたんだろう」と答える人が出始める。文献が残されている時代にトラが生存していた記録は今のところないので古文献には書かれていないが、近現代に入ってトラ化石が各地の地層中、特に洞窟の堆積物中から発掘された。人類史以前の地質時代には、トラは日本列島を闊歩《かっぽ》していたのである。ゾウについても同じことが言える。

いまや日本では一部にしか分布していないオオサンショウウオも、100年前、1000年前の分布域はもっと広かった。例えば「東北地方にオオサンショウウオはいない」というのはあくまで現代の視点であって、自身の生きる時間を軸に考えると、過去にあった貴重な情報を見落としてしまう。青森県や山形県でも、分布記録は残っている。

このような視座のもと、古い文献を慎重に「科学書として」読んでみると、当時の人々が残したかったものが、意外にたくさんわかるかもしれない。[*4]

さて、そうなると文献の書き方がはたして科学的だったかどうか、という疑問がわいてくる。それに対して私は、江戸時代くらいまでの「怪異」や「妖怪」といった事象は、今でいうサイエンス——科学——のポジションとまったく同じというと語弊があるので、少なくとも代替とはなっていたという前提で進めていこうと考えている。

日本において、世間が科学を広く認識しはじめたのは、明治時代以降であろう。科学という訳語の起源は哲学者の西周《にしあまね》とされているようだ。同時代に、福沢諭吉が広範囲の物理学をまとめて「理学（窮理学《きゅうり》）」という概念を作り出している。江戸時代には蘭学がそれにあたり、また怪異を現実的に解釈する「弁惑物」という怪談のジャンルが、17世紀後半あたりに始まっていた。これは、近世の怪説異聞がはやっていた時代に、それが妄誕《ぼうたん》であるとして、世間の人々の惑いを解こうとする目的で怪談の由来、正体をあばこうとするものである。また、分類学の前身として「名物学」というジャンルもすでにあった。

＊4　国内で古生物学的視点で歴史書に書かれた生物を考察した嚆矢として、青木良輔『ワニと龍——恐竜になれなかった動物の話』（平凡社新書、2001年）がある。

もう少し、本題寄りに話をもっていく助走として、話題を生物に振ってみよう。

「生物」という言葉が定着する以前、生物は「生類《しょうるい》」と呼ばれていた。第5代将軍、徳川綱吉による「生類憐みの令」の、生類だ。生類は大枠では生物と同じだが、少し異なる点のひとつとして「異獣」あるいは「異類」という分類群が含まれていたことに着目したい。異獣とは、当時の人々が日常生活の中で見慣れない生き物、出会ったときに正体がわからなかった生き物、と考えてよいだろう。異獣・異類は後世、その中からピックアップされ「妖怪」として流通している種も多い。異獣という呼称は、ケモノ、つまり哺乳類に限られていそうな印象だが、それ以外にも爬虫類様の異獣や、鳥類様、蟲類様《ちゅうるいよう》の異獣もいて、生物全般に適用されていたようだ。

次に「妖怪」はどういうものか。妖怪という言葉が日本の文書に初めて登場したのは、8世紀の末に編纂《へんさん》された『続日本紀』であり、現存する最古の歴史書『古事記』や『日本書紀（日本紀）』が編纂された時代から100年も経っていない。このとき『続日本紀』で記された妖怪とは、原因のわからない気味の悪い事象のことを指していたそうだ。その後、先の異獣やもののけ、あやかしなど、様々な呼ばれ方をされてきたものが、いま一般には妖怪と認識されている。その姿が描かれ始めた時代は中世くらいのようだ。それより古いと、むしろ彫像のほうが残っている。法隆寺の四天王像に踏まれている牛頭《ごず》邪鬼・一角邪鬼を妖怪の一種だとすると、日本最古の彫像ですでにモチーフにされていることとなる。絵画としては室町時代の「百鬼夜行絵巻」あたりまでさかのぼれるということで、江戸時代以降の鳥山石燕《とりやませきえん》や数々の浮世絵師、また現代に入っては多くの漫画家らによって、現在私たちが接する妖怪の方向性が固まっていった。21世紀になるとだいぶファンシー要素の強い発展のしかたも散見され、誰もが知るキャラクターとして定着しているようである。*5

だいぶ端折《はしょ》ったが、それは本書の本質がこの先にあるわけではないからで、この辺りは妖怪の専門書をあたっていただきたい。

私は専《もっぱ》ら、古い文献に記された不思議な生類の像に迫っていく。

目の前に現れた未知の生物、それを正確に記述する姿勢は、各々の時代においては最先端の知の集大成であっただろう。文書がウソをついていないという前提ではあるが、科学以前の「科学者」である当代の識者らによって記載された珍しい動物や自然現象の正体は

*5　近年では都合の悪い悪事を「妖怪のせい」と転嫁する行為が問題になった。学生時代、インドネシアの留学生が遅刻をしたり約束を破るときまって「ジニー（悪い精霊）のせい」と自己の責任をジニーに押し付けていたことが思い出される。

何か。私の興味はそこである。怪異とされたものを古生物学的視点から見つめ直してみる。本書ではその手法を「妖怪古生物学」として提唱したい。

冒頭にまず示しておきたいこととして、古生物学者が妖怪の解説を試みるに至る過程には、このような背景があるのである。

当然ながら、ここに個人の嗜好も加わる。私はもともと古生物と同じくらい歴史に興味があり、余暇の使い道としては自然史系博物館を訪れるより、歴史系の博物館や美術館で過ごす時間のほうが多い。年配のお父さん方の額の跡が残るガラスに同じようにへばりついて刀剣を眺めたり、浮世絵の前で仁王立ちしていたり、そんな生活のサイクルなのである。かつて、数少ない同業の食肉類化石研究者であるアルゼンチンのパンチョ（本名プレボスティ）さんが来日した際も、ほとんど歴史の話に終始した。彼も歴史好きで、私がアルゼンチンを訪問した際は、銃痕の残る教会の前でフォークランド（マルビナス）は戦争か紛争かを話しているうちに日が沈んだ。他にも「もののあはれ」を研究しに留学してきたポーランド人と話してくれという依頼がくるなど、日本にいる以上、自国の歴史を説明する機会は少なくない。

そういうわけで、古い文献に触れる機会と、先々、来訪する日本好きの外国人ともしっかり話せるようにしておく必要も生じたため、時間があるときに『古事記』『日本書紀』から一通り読み直し始めていた。その際に、かつては「ああ。妖怪だな」「神仏悪鬼は荒唐無稽だな」などとあまり気にしていなかった内容を、生き物の進化を研究する道に進んで幾分かの学びを得てから再度理解しようとすると、どうしても「不思議な生類の未解決部分」に目を奪われてしまうのである。

例えば、

・「ヤマタノオロチ」はどういう発想のもとに生じたか?
・異本ごとに微妙に描写が異なる「鵺《ぬえ》」は実際いた生き物を描写していたのではないか?
・一つ目小僧や入道は、なぜ一本足の特徴とセットになっているのか?

と、もし誰かに問われたときに、はたして自分に意見が言えるだろうか、などと思考を巡らせていたのである。もちろん、これに回答を出すのはお遊びの範疇であるが、私は決してお遊びに手を抜かない性質であったため、死力を尽くして考察を行った結果が本書の如く結実した次第である。

さて、まえがきの締めとして、本書の目論見を2点ほど挙げておきたい。ひとつに、通説となっていた妖怪、あるいは見過ごされていた異獣の解釈に別視点を提案し、より多様な可能性を生み出そうとする目論見がある。しかしながら、本書で述べる解釈が絶対的に正しいと私自身が考えているわけではない。どちらかというと、全く異なる解釈が多く出てきて喧々諤々《けんけんがくがく》の論争が生まれることこそが本望であることはあらかじめ強調しておきたい。

ふたつめの目論見として、「化石の研究って役に立つの?」という、古生物学者にとって極めて辛辣《しんらつ》な問いかけに対する、答えのひとつを導くことを挙げたい。説得できるかはわからないけれど、巷《ちまた》にあふれる「研究意義なんてないんじゃないか」という疑惑に反論する機会を与えてほしい。科学者が古文書を読むという行為は、いわゆる博物学的観点から試みられた事例は過去何度かあったものの、各々の専門とする分野で世界最先端に居続けることに必死にならなければならないため、古文書を紐解こうと考える人は少なくなってしまった。[*6] いっぽうで、歴史に興味を持つ人も一定数いるわけだが、科学的知見から読み解こうという数奇な試みは少なく、いまだに総合的に語れるだけの材料がそろっていない。

このようなニッチな所を一か所ずつ丁寧につぶしていくことに古生物学がほんの少しでも力添えできればと思っている。ただし「古文書を読んでも役に立たないじゃないか」という言及が加わるのであれば、それは私の立場から何かメッセージを出すものではない。不思議とされている記録を読み解く試みから、古文書解読の意義の答えを見いだせるわけではないことをあらかじめお断りしておかねばなるまい。そこはその専門家に任せる。あくまで身についたスキルの応用で、それが別分野で役に立つかもしれないよ、という事例を示したいということである。

＊6　遺跡の人骨からＤＮＡを取り出すとか、火山や地震、天文イベントのあった時代を特定するとか、そういう研究はある。

古生物学者、妖怪を掘る——鵺の正体、鬼の真実　目次

イラスト　守亜
校閲　髙松完子
DTP・図版作成　佐藤裕久

第一章 古生物学者、妖怪を見なおしてみる

一　鬼の真実——ツノという視点から

ツノある者は何食う者か

第一章は絵から入る。18世紀の末、妖怪画を多く手がけた画家・鳥山石燕の『画図百鬼夜行』（1776年）に描かれた「鬼」である（図1）。まずは、この鬼を眺めていただいて、一般的な鬼のビジュアルに共通認識があることを確認したい。本書を読み終わったのちに再びこの鬼のページに戻ってくると、これまでとまったく異なる印象となっているはずである。そういうふうな話をしていこうと考えている。

私はよく、講演の枕の自己紹介ついでに、鬼のイメージを問い直すというネタを用いている。ここで話題として取り上げたいのは、鬼の有する「ツノ」である。

そこでまず、読者の皆さんにも、ツノのある動物を思い浮かべていただきたい。図1の鬼や、西洋の悪魔など、人の生み出した架空の動物がいる。東洋西洋の区別はなく、鬼や悪魔は人々を襲うものとして、長らく恐れられてきた。彼らの頭には往々にして立派なツノが描かれている。

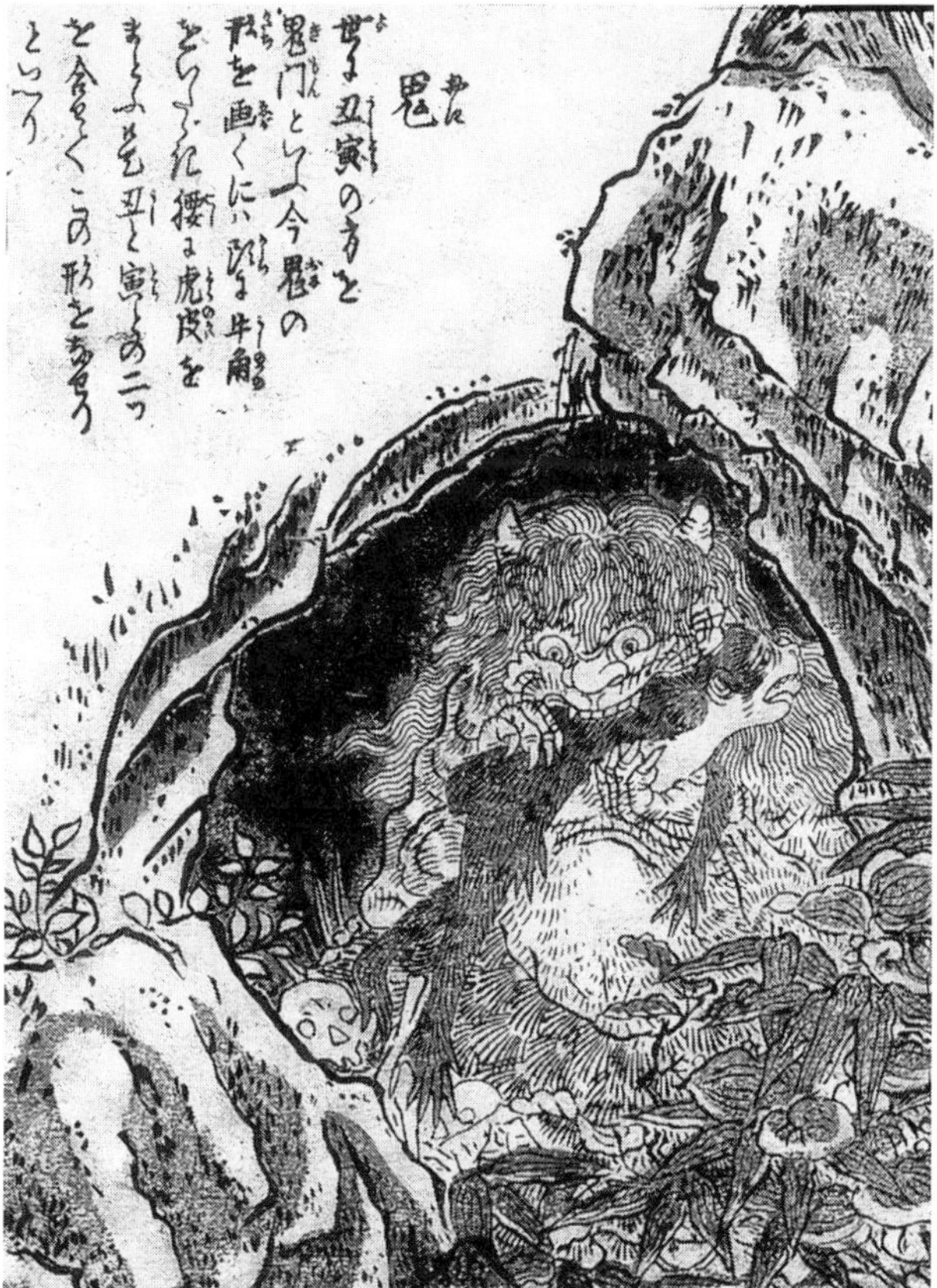

図1　『画図百鬼夜行』の鬼（東北大学附属図書館蔵）

図2　ジャクソンカメレオン

鬼や悪魔でなければ、ほとんどの方は実在の動物を挙げるだろう。シカやウシ、ヒツジ、サイといった哺乳類、カブトムシなどの昆虫もツノを持つ。恐竜好きであれば真っ先にトリケラトプスが浮かぶだろうか。絶滅種のなかにも特徴的なツノを有する生物がたくさん見つかる。

さてここで、ツノ付きの生物に共通しているおおきな特徴を、もうひとつ挙げてみたい。

それは、すべてが「植物食」という点だ。

どれも動物を狩って食べることがないことにも注目していただきたい。シカもヒツジも、先に挙げた生物すべてである。カブトムシも樹液を吸う植物食者なのだ。

実はツノのある生物に、肉食はほぼいないと言える。ツノは保身、もしくはオス同士の争いに用いられ、獲物を狩るなど、積極的に他の生物に襲いかかるために使用されるものではないからだ。

例外を求めてツノ付きの肉食動物を探すほうが難しい。古今東西、世界中に視野を広げてみても、せいぜい昆虫食のカメレオンや、化石記録中の南米産の恐竜、カルノタウルスぐらいの事例に限られてしまう。ただ、例えばジャクソンカメレオン（図2）の場合もツノはオス同士の争いに用い、狩りなどには用いない。カルノタウルスに関しても他の大部分の肉食動物同様に噛みつくほうが効率良く、わざわざ獲物にツノをぶつけて狩りをするというような用い方はしなかっただろう。

獲物に襲いかかる必要のある動物のデザインには、基本的にツノが不必要と言えることがご理解いただけただろうか。

架空生物のツノ

ところが、架空生物の世界では、このルールが適用されない。世界中の神話やおとぎ話では、ツノのある悪意を持った生物が頻繁に人を襲って食べたり、他の生物を困らせるようなことをする。「まえがき」でも触れた、法隆寺の持国天像に踏まれる牛頭邪鬼や一角邪鬼、また西洋にはバフォメットと呼ばれるヤギの頭部をもつ悪魔がおり、これらには立派なツノがある。こう見ると、洋の東西を問わず、ツノが悪者の特徴の一つになっているとも言える。

これは、人類に刷りこまれた先入観の中でも特に重大な誤解である気がするのだが、これまでその点に関する考察はあまりみられなかったようだ。

私たち日本人もなじみ深い鬼について、少しばかり掘り下げてみようと思う。とはいえ、すでに鬼については膨大な先行研究があるので、特にこの「鬼のツノ」に絞ってみたい。そもそも鬼は、初めからツノを持っていたのだろうか。調べてみると、どうやらそうではないことがわかった。

書物としては、日本最古の歴史書『古事記』や『日本書紀』に鬼は登場している。もっともここでは「おに」と読まずに「もの」と読んでいた。鬼はもともと大陸から輸入した概念である。鬼（もの）に関する外見的な特徴を記した描写はなく、恐れ（畏れ）のような概念的なものだとか、当時の政権に従わない者たちに対して用いている。鳥取県の大山近隣に、第7代孝霊《こうれい》天皇が鬼退治に行ったことが伝承されている。『古事記』『日本書紀』の成立は8世紀だが、話自体はそれをさかのぼって伝えられてきたものであろうことから、鬼の概念自体は記紀両書が編纂された時代よりもっと前からあったのは間違いなさそうだ。
鬼の外見的特徴が知りたい私は、いろいろと調べた結果、かえって仏教彫刻のほうが記録としては早くに見られることを知った。大陸から輸入された文化の中に鬼の存在がビジュアル化されたものがそれにあたる。7世紀飛鳥時代のはじめに、北魏《ほくぎ》の影響を受けた仏像が作られる。先に出てきた、四天王の持国天像の足元にいる牛頭邪鬼と増長天像の下の一角邪鬼が、けっきょく私の調べた限りでは国内で最も古い、ツノ付きの「鬼」であった。西暦650年頃の作品らしい。中国大陸的な「死霊」としての鬼のイメージ、インド大陸的な他神教を取り込んだ末にできた鬼のイメージ、それらが直接入ってきていたころの邪鬼、である。

絵画として残された最古のものを調べると、これは「玉虫厨子《たまむしのずし》」に行き当たった。厨子に描かれた人物の一人が「修羅」とされ、これがいわゆる鬼としての最古の記録らしい。となると、これも7世紀の作品だ。ここにはツノは描かれていない。

なぜ架空の生物にツノが付くのか

7世紀以降の鬼のビジュアルはいまひとつピンとこない。彼らは物語の中でヒトを襲

図3　般若の面

い、食べ、都を荒らす、言うことを聞かない悪の存在として認識が固まっていったのである。外見的特徴を求めていくと、気づけば時代は室町くらいにたどり着いた。お面にツノが生えている鬼、これは非常に有名だ。

室町時代の能面師、般若《はんにゃ》坊が始めたとする鬼女の面は、「般若の面」として知られている（図3）。般若は智慧《ちえ》という意味を持ち、『般若心経』などはこれを説いているはずなのだが、多くの方々の『般若心経』のイメージには般若の面の形相がこびりついているように思う。般若という名の風評が鬼女によってはなはだしく傷つけられている気がして残念に思う。

室町時代には、もうひとつ有名な「百鬼夜行図」が描かれ、のちの世に大きな影響を与えている。現代的な妖怪に連なる系譜の大半がここで始まったといっても過言ではないだろう。その行列にはツノの生えた生物も加わっていた。

狛犬《こまいぬ》にツノがついているタイプがあることも、あまり知られていないかもしれない。狛犬のうち、正面向かって左側、阿吽《あうん》でいう「吽」の狛犬の頭頂に一本角のツノがある。京都国立博物館ホームページによると、当初「獅子」、つまりライオンとして輸入された一対の獅子像だったものが、平安時代初期に左側が「狛犬」で右側が「獅子」という組み合わせが出現したという。その狛犬に、ツノが生えているのである。今多くの神社に鎮座するのは左右いずれも獅子タイプの狛犬で、真新しい狛犬を見る限り今は両方獅子の組み合わせがよく作られているようである。少し長い目で見てみると、左側にツノのある狛犬が置かれたのは平安時代から近代にかけての一時的な流行として考えても良いのかもしれない。狛犬の来歴自体もごっちゃになっているため、このツノの由来について検討するのは難しそうだ。

西洋ではどうだろうか。有角の獰猛《どうもう》な生き物は、書物としては聖書「ヨハネの黙示録」に7つの頭と10本のツノを持つ、赤く巨大なドラゴンの記述があり、挿絵としても古くからモチーフにされていたようである。ヨーロッパにおいても中世に描かれたデーモンから現在まで、イメージは変わっていない。有名な悪魔バフォメットのイメージについては、宗教間の中でヤギの立ち位置がどう規定されているか、というところにいきつくようだ。

図4　アンモーン神

『新約聖書』によるヤギの扱いが悪しき存在とされていたあたりだ。ユダヤ教においては、いけにえとしての要素が強いと感じられる。

さらに背景をたどっていくと、古代エジプト神話の神、アモン神までさかのぼっていき、異教の文化に対する解釈の仕方に端を発しているという話がある。アモン（アメン）神はエジプトにおいては太陽神ラーと融合して神々の主となっていた。これがギリシア神話に取り込まれてヒツジ頭の神アンモーン（図4）となり、ヨーロッパに広がっていったとのことである。ヤギとヒツジで途中からちょっと違うと思うが、そのあたりは研究範囲外であるため言及を避ける。ちなみに古生物学の業界では、このヒツジの頭を持つアンモーンのツノが、アンモナイトの語源になっていることは有名な話である。[*1]

架空の生物にツノがなぜつくのか、ということをたどっていくと、なにもヒトや哺乳類、あるいは龍のような爬虫類様のものにだけツノがついたわけではないようである。

日光国立公園内にひろがる戦場ヶ原には、その名の由来にもなった戦場ヶ原神戦譚が残っている。上野国《こうずけのくに》の赤城山神と、下野国《しもつけのくに》の二荒《ふたら》山神が中禅寺湖をめぐって争ったという古代の伝説である。戦のさなか、赤城山神はムカデに、二荒山神は蛇に化けた。大ムカデに化けた赤城山神は頭にツノを生やしていたのだが、その特徴のせいで二荒山神に加勢していた岩代国の弓名人、猿万呂にバレてしまう。赤城山神はこの猿万呂の放った矢を左目に受け、戦の勝負が決した。これがこの地が戦場ヶ原と呼ばれたもとになっているという。

ツノを生やしたばかりに目立ってしまったのだ、という気持ちもあるがいっぽうで、古代からリーダー的なシンボルとしてもツノが用いられていた点は興味深い。

現代人のツノ観

ひるがえって現代の人々はツノをどう思っているのだろうか。

古生物学は、絶滅生物の復元という観点から美術方面の協力が不可欠なため、美術大学

＊1　この話を以前したところ、同世代と思しき方から「民明書房レベル」と非難されたことがあるが、これについては本当の話。「民明書房」については宮下あきら『魁!! 男塾』（ジャンプ・コミックス）を参照されたい。

との関わりもけっこう深い。[*2] その関係で、私も美大に頻繁に出入りしており、顔見知りになった学生たちの卒業制作展などにも顔を出す機会がある。卒業制作展を何度か見た印象では、創作系のイラストで人物が描かれている場合、3割程度という高確率で額にツノが描かれていた。ツノは力の象徴、という言説を耳にしたことがある。神の戦の時代から現代まで、普遍的な認識と受け取られる特徴なのかもしれない。

またツノがあるとリーダーで、性能も高い、という不文律は後世において巨大ロボットの登場する作品の表現手段として定着しており、これはスーパーロボット・リアルロボットいずれのジャンルにおいても共通する特徴と言える。男の子向けの世界で一般化したこれも、何かしら根源的なツノに対する信仰のたまものかもしれない。ツノのない巨大ロボットで主人公機があるかないか、アンテナはツノとみなすか、ひげはツノか、などと話を広げるとキリがなく、そもそも古生物学的観点からロボットを語ることなどできないため、これはここまでにしておきたい。

とはいえ、これまでの社会においてはおおむねツノは悪役のシンボルであったために、多くの寺社で行われる鬼を退治するイベントは、般若坊の作った面に列するお面を被った「鬼」が用意され、彼らをいじめて満足するもののように見える。

アントラーとホーン

日本語で角（ツノ）というと、一般的にどんなものが想像されるだろうか。シカかヒツジか、赤いザクか、そのあたりかと思う。英語を例に出すと、日本語でいうところのツノはアントラーとホーンとに大別される。アントラーは毎年入れ替わるシカのようなツノ、ホーンはウシ科のように生え変わらないツノである。サイに付いているツノ、すなわち犀《さい》角《かく》は、骨質ではなく角質だという特徴もあるが、これには英語だとホーンが充てられている。カブトムシもホーンだ。

シカのツノはトナカイなどを除いてオスにのみ生えるが、トナカイ以外にも例外はあり、逆に雌雄ともツノが生えない種もある。

日本では、一般に見られる野生のシカはニホンジカで、地域名がついて亜種レベルで分類されている。琉球列島の亜種は小型化しており、ケラマジカは江戸時代に慶良間《けらま》諸島に

＊2　有史以降、絶滅動物を直接見た人類は、残念ながらいない。それらを復元する際に、美術的な美しさと、機能形態学的な美しさの接点が最節約的な「正確と言える復元」であろうという考え方で、美術と古生物研究は結ばれるのである。

図5　キリンのツノは5本？

移入されてから小型化が進んだ。いっぽう北海道のエゾシカは大型で、ツノも本州のものと比べて大きい。これらの亜種の分化は、寒冷地ほど体が大きくなる「ベルクマンの法則」や、あるいは「島嶼《とうしょ》化」によって小型化した例として挙げられる。また琉球列島には歴史時代に移入されたキョンも分布している。

ニホンジカのツノは自然状態だと春先に根元の角座から落角し、生え変わる。このように毎年生え変わり、成長とともに拡大・分岐する枝角をアントラーという。ウルトラマンに登場する怪獣アントラーとは語源が違うようだ。[*3] サッカーチームのアントラーズは鹿島から取られているので、この枝角でよい。

いっぽう、ホーンを持つ哺乳類として一般的なのはウシやヒツジだ。ウシの野生種は野牛というのだろうが、日本では遺跡などから骨が見つかることはなく、歴史時代に中国大陸から移入されたようである。ヤギやヒツジも同様だ。歴史時代以前から日本列島に生息していた現生種のウシ科は、カモシカのみが該当する。*4

ウシ科のツノは分岐をせず、骨質のツノを覆うように角質部、角鞘《かくしょう》がある。角笛の材料となったこの角鞘は、その名称を楽器のホルンに残している。ホルンの原型はヤギの角鞘であった。同様に小さなトランペットに似たコルネットという楽器の名は、ラテン語のコルヌ（cornu）に由来する。

キリン科のツノも骨質で、このツノは外部が皮膚や毛に覆われている。キリンのツノの数といえば頭のてっぺんの2本と思っている方が多いかと思うが、5本あるという見かたもある。おでこの間に1本、後頭部にもこぶのように2本あるのだ（図5）。骨になるとわかりやすい。このキリンのツノにはオシコーン（ossicone）という名称がついている。しかし私は不勉強にも、このオシコーンという名が海外で普通に使われているのか知らなかった。おおかたホーンと呼ばれているのではないかと思っていた。

そこで京都大学大学院でシカのツノの研究をしている鮫島悠甫さんに聞いてみた。彼が

*3 怪獣アントラーの語源は蟻（アント）や蟻地獄（アントリオン）だという説があるが、怪獣の外見からすると、昆虫系のほうが説得力がありそうだ。

*4 化石種では、数万年前まで水牛がいた。

言うには、外国人はふつうにオシコーンと言っているらしい。とはいえ同業の外国人だから当たり前に使っているだけで、古生物とか哺乳類の専門家でなければオシコーンなどという言葉は知らないのではないか、と疑念は晴れず、さらに私の居住地である兵庫県丹波市において、アメリカの大学を出た知人とそのパートナーにも聞いてみた。その結果、オシコーンという言葉は少なくともこの2人は聞いたことがないとの回答だった。

プロングホーン[*5]の仲間は持ち主の名前にホーンとついているが、これは枝分かれしていて、落角するツノであるが、くわえて角鞘にも覆われているため、ホーンとアントラー両方の特徴を持っている。

閑話休題、キリンに話を戻す。その外観を記載してみると、だいたいこうなる。

「頭に5本のツノがあり、特に頭頂部の2本が目立つ。首が長く、二階建ての家の屋根ほどの高さである。四肢もまた長く、ヒトが歩いて腹の下をくぐれるほどだ。木の葉を食べ、水を飲むときは首を下げてはなはだ大変そうに見える。体は茶色のまだら模様に覆われ、時折その長い首とツノを使って仲間内で争っている」

このような記述だと、キリンを知らない人には現実離れした、非常に荒唐無稽な生き物と映るだろう。見たままを文章にしたとしても、それを知らない人が正確に受け取ることができるか、なかなかに難しいものである。

節分で鬼に豆を投げてはならぬ

さて、ここまできて、もういちど鬼について問い直してみよう。『今昔物語集』に、文章として鬼の姿に関する描写が見られる。

其形、身裸にして、頭は禿《かぶろ》也。丈八尺ばかりにして、膚《はだえ》の黒き事、漆《うるし》を塗れるが如し。目は鋺《かなまり》を入れたるが如くして、口広く開きて、釼《つるぎ》の如くなる歯生ひたり、上下に牙を食ひ出だしたり。赤き褌《ふんどし》を掻きて、槌《つち》を腰に差したり。
(『今昔物語集』巻20・7 染殿の后、天狗の為に悩乱せらる、事)

その姿は、身は裸で頭は禿髪《かぶろがみ》。身の丈は八尺(約2メートル半)ほどで、肌は葉漆《はうるし》を塗ったように黒い。目には金鉄の椀を入れたようで、口は広く開き、剣のようなするどい歯

＊5 北米に棲む偶蹄類。非常に足が速い。

が生えている。上下には牙もむき出しである。赤いふんどしをはいて、腰には小槌を差している。

ここまでお読みいただくと、この「人に害をなす鬼」的な描写はよく特徴をとらえていることがおわかりいただけるはずである。鋭い歯と牙はヒトを襲う象徴としてふさわしい。この『今昔物語』に出てきた鬼は、実際に生物として実に合理的な形態をしている。*6

私としては、どこかで間違ってついてしまった鬼のツノを、何とかできないものかと思っているのだ。これは飛鳥の時代から続いた冤罪《えんざい》である。目の黒いうちに晴らしたいと願ってやまない。

そんななかで近年、私の鬼観を語るうえで非常に頼もしい援軍が現れた。

およそ有史以来、東洋西洋に共通する人類の大誤解、それは悪しきものにツノがついていることだ。

この誤解を解く糸口として、平城京遷都1300年の節目を控えた2008年、日本の奈良県にひとりの愛らしい童子が舞い降りた。

ゆるキャラブームの牽引者のひとり、せんとくんさんである。これこそが、誰もが納得するツノのある生き物の姿に違いない。ツノを生やし、肉食をしない僧形のいでたちに、当時の私は我が意を得たりと、思わず目頭を熱くした。

イラストを載せられないのは、主に印税の関係である。キャラクターを掲載すると印税が発生する。たった一枚のイラストで著者印税から引かれるとたいへんイタいので涙をのまざるを得ない。本書校了時点で使用料の無償化が決定したようだが、残念ながら刊行に間に合わなかった。

最後に、私はここ10年ほどの鬼に関する地味な普及活動の中で、2月の節分会の際に鬼に豆をぶつける行為を見直すよう働きかけ、ツノのある生き物に危害を加えることに警鐘を鳴らし続けている。伝統といえばその通りだが、たかだか千数百年のいっときの流行であろう。地質学的数字では誤差範囲と切り捨てられる程度の時間にすぎない。

ツノを持つ生き物がヒトを襲うという誤解を解いたうえで、過去の過ちを深く反省し、かつ、これまでのように鬼を虐げてはならぬ世になったと、我が子や孫に語るのが大人のつとめというものではないだろうか。

＊6　ただし、この鬼は僧が醜聞の末に鬼と化したもので、作中で肉食する場面はない。時代が下って、鳥山石燕の描いた鬼などがイメージとしてはわかりやすいが、平安時代末期の描写として紹介した。

節分会に際してはいま一度、握りしめた豆を、いったい誰に向かって投げるのか、自問してみてほしい。読者の皆様の中にはそれでも豆の投擲《とうてき》は止められぬ、という方もいらっしゃるだろう。現実にコペルニクス的転回を体験するときは、かくのごとき葛藤があるのである。天動説から地動説に向かうときも、まさに同じような苦難があったのだろうと、地動説の誕生から500年後に生きる私たちは、振り返らなければならない。

二 井上円了と寺田寅彦

妖怪・異獣各論に入る前に、明治維新以降の現代に至って、これらの正体を解明しようと試みた井上円了と寺田寅彦について触れておきたい。

井上円了（1858〜1919年）は東洋大学を創った哲学者だが、お化けを学問とした「お化けの先生」としてよく知られている。彼は世の中で人に不思議と思われているものすべてを妖怪学の対象にした。昭和の初めごろに活躍した寺田寅彦（1878〜1935年）は「災害は忘れたころにやってくる」の名言[*7]を残した地球物理学者である。夏目漱石など文人にまざって、多数の随筆が残されている。科学を題材にしたものも多く、サイエンスライターの先駆者の一人と言ってもいいかもしれない。

怪異は分けたら怖くない

円了についてはあまたの書籍がすでにあるため、その仔細はそちらに譲りたい。円了が始祖ともいうべき現代の妖怪学であるが、その先駆けにおいて稀有なところは、収集した妖怪談のおびただしさだ。明治時代、東洋大学の前身である哲学館運営のための寄付金集めに円了は全国各地を回ったが、その際に妖怪談の聞き取り調査も行い、さらに新聞・雑誌などでも募集し、世の妖怪をひとまとめにした。東洋大学に残る円了の講義録『妖怪学講義』は2000ページを超える大著だ。蒐集《しゅうしゅう》した2000以上の妖怪や現象を分類し、説明がなされている。

「妖怪博士」と呼ばれながら、実際には妖怪がいなかったことを力説していたため、現代社会を啓くために妖怪を追いやっていたかのような印象を持たれている。だが、妖怪が

---

*7　ただし本人による記述は残っておらず、伝聞のようだ。

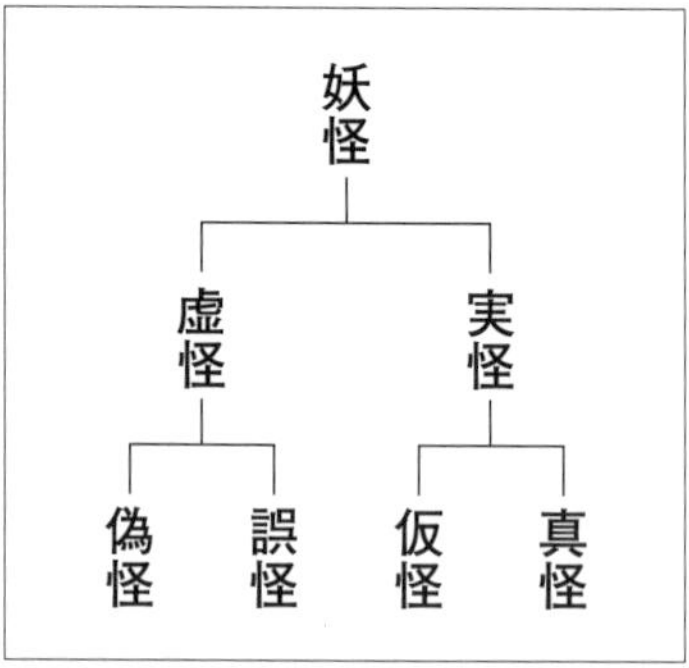

図6　井上円了の妖怪分類

嫌いかというとそういうわけではなかっただろう。嫌いであればそこまで精力的に蒐集することはないはずだからだ。円了が伝えたかったのは、近代までに信じられてきた妖怪のほとんどは、以降の科学で説明でき、恐れる必要はないということだった。

円了は妖怪学を体系化するにあたって、妖怪を4種に分類した（図6）。

実際に起こったものを描写したものと考えられる現象が2種、誤解や創造によるものが2種。

前者は「真怪」と「仮怪」である。「真怪」は、正体のわからない、もしかしたら本物の妖怪かもしれない、という種の分類である。「仮怪」は科学的に説明のつくもので、妖怪と勘違いされたか、あるいは説明をすることができないものである。私が明らかにしていきたいのは、主としてこの「仮怪」の部分である。「真怪」と「仮怪」は、いずれも実際に起こった事象そのものの記録ということになる。

後半の2種は、誤認や恐怖心などが生み出した、勘違いの「誤怪」と、意図的に創作された「偽怪」に分類される。荒唐無稽なものの場合は多くがここに入ってくるだろう。「偽怪」について無理に科学的な分析を行う必要はないのだが、20世紀末に少年時代を過ごした私たちの世代にとって、UFOや心霊写真といった偽怪の存在は、科学へ興味を持つきっかけとなっていた場合もある。デジタルカメラなど機器の発展によってこれらのアヤカシの類が消え失せてしまったことを、私自身は損失であると思っている。「偽怪」については、つくり出された意図を見破る必要性があることから、その存在自体が科学哲学の強化・発展に寄与する効果もあるが、いっぽうで、スピリチュアルで荒唐無稽な存在が無体をはたらく際の温床ともなるため、扱いは難しい。

「偽怪」を許したら虚構と真実がぐちゃぐちゃになってしまう、と心配される方がいるだろう。たしかに私たちの世代（筆者は1978年生まれ）だと、男の子の物理の教科書はキン肉マンであり、歴史のそれは民明書房シリーズ（元ネタは宮下あきら『魁《さきがけ》!! 男塾』）である。戦後生まれの親世代だとそれがアシモフ、ヤマト、ゴジラあたりとなるはずである。科学の発展やリテラシー向上のためには教養をはぐくむ土台が必要で、そこはフィクションの領域をうまく乗り切って大人になっていく工程が望ましい。したがって、虚実入り混じって豊かさと多様性を保っていたほうがいいのかもしれない、などと考えている。

科学リテラシーと創造科学

欧米では、日本におけるフィクションの役割を、長らく宗教が担っていた。この解釈は神学者らから見るとひどく乱暴に映るだろうが、ご容赦いただきたい。ともあれ、宗教の万能性との対峙があったことが、科学の進展に大きな影響をもたらしたことは事実である。したがって、私は人命や生活に危害が及ばないかぎりは共に並び立つ存在であっていい、という立場をとりたい。

フィクションの事例として、お叱りの手紙をいただくかもしれないが、「創造科学」を挙げることができよう。創造科学とは、「聖書に書かれたことが事実である」ということに出発点を置いている。この世は創造主がつくり賜うたもの、という前提で事象を判断し、これを「科学」と称している。

日本列島の生物相を例にして創造科学と科学の比較をしてみよう。

創造科学における殺し文句は「神がそのように、お定めになったからだ」である。これは極めて明快に世のコトワリを説明しており、異論が挟めない。オッカムの剃刀《かみそり》の理論に当てはめてみても最節約的で説得力に長ける。他方、科学は色々と説明を講じる必要がある点でステップが多く、すとんと腑に落ちるまでに飽きられる場合が多々ある。

例えばライチョウが日本アルプスの高山地域に住んでいることを科学的に説明する際には、ライチョウの生態のみならず、氷河期とは何かということ、気候変動とそれに伴う植生《しょくせい》の変化、何万年単位の分布域の変化などを説明しなければならない。これではどうしても時間がかかってしまう。その上で「なぜライチョウは富士山に住んでいないのか」というような問いにうまく答えるのは難しい。いっぽうで創造科学の場合は、創造主による創造、すなわち「神がそのように、お定めになったからだ」というひと言で済ませられる。この説得力は相当なもので、実にシンプルかつ魅力的に映るだろう。

西洋社会において、全知全能の聖書から離れることにどれほどの軋轢《あつれき》があったかはうかがい知ることができない。しかしながら、万能の創造科学に対して科学が説明責任を負う立場にあったことが、結果的に科学の発展を促していったことは間違いないだろう。その点、皮肉に聞こえるかもしれないが、創造科学の存在意義が大きなものであったといってもいいと私は考えている。

寺田寅彦と日本の神話

話がずいぶん逸れたので戻そう。

井上円了とともに日本の近代において妖怪・異獣の正体を見極めようとした学者・寺田寅彦は、『古事記』や『日本書紀』をはじめとした文書に自然現象の描写があると考えていた。昭和八年（一九三三年）に発表された「神話と地球物理学」において、スサノオノミコトに関する描写や、ヤマタノオロチの描写などは火山活動をもとにして記述されているのではないかという意見が書かれている。

ヤマタノオロチは、浮世絵などの描写を見ても洪水のイメージが根強く、通説となっているのだが、私は寺田の言う火山噴火を描写したという説のほうが、説得力があるように感じている。寺田説を少し補強しつつ、ヤマタノオロチの描写について見ていきたい。

ヤマタノオロチの姿は、その胴体を起点に、頭と尾が8つずつ延びる。体はコケ（ヒカゲノカズラとも）のようで、赤々とした目を持ち、血の滴る胴体の背には「檜《ひのき》や杉を生やしている」とある。

胴体から延びる頭と尾が16方向に延びるイメージは、河川というより火山の噴火現象と適合するように思う。仮にヤマタノオロチが河川をイメージしたものであれば、川が八方、十六方に流出するという描写がわかりにくい。観察された色彩の描写もまた火山説を補強する。赤々とした目や血の滴る胴体というのは、溶岩もしくは火砕流に飲まれて木々が燃えるイメージであろう。

いっぽう、20世紀初頭の寺田説では、ヤマタノオロチの体の様子を「コケのようで、背に檜や杉を生やしている」と表したところの解釈が難しかったように思えた。

私はこれを火砕流本体や噴煙を示しているのではないかと考えた。ヒカゲノカズラとはもこもことしたシダ植物の一種だが、その形は斜面を駆け下る幾筋もの火砕流の姿と重なる。

ここで注意しておきたいのは、火砕流という言葉が誕生したのは戦後であったことだ。[*8] 昭和初期であれば、実際に火山噴火を目の当たりにする機会はほとんどなかっただろう。今私たちは噴火の様子を手軽に動画で見ることができるが、それはほぼ20世紀も終盤に差しかかって以降のことである。

そして、「背に檜や杉を生やしている」という描写も難問で、洪水説でも納得のいく説明は難しい。私はこれを噴煙と考える。非常に大規模な噴煙を表す適切な比喩を、当時の

*8 火砕流の名づけは、東京大学の荒牧重雄先生である。英語表記の「パイロクラスティックフロー」は、パイロ＝火、クラスティック＝破砕、フロー＝流れ、と直訳なのでわかりやすい。

人々が日常生活を送るなかから探すのはおそらく困難で、モクモクと立ち立つ姿を見てそれを樹形と評したのではないかと考えられる。

このようにヤマタノオロチの体の部分の描写に登場した植物については、いずれも洪水説に比べて火山説によって解釈するのが自然だろうと考えられる。

さらに、勢いよく現出したヤマタノオロチは、やおら8つの台に酒を満たした甕《かめ》に向かって頭を下げ、突っ込んだあげくに酔っぱらって眠ってしまう。この描写をとっても、仮にオロチが水害の象徴ならば、「空っぽ」の甕を用意するのではないかと思うのだが、いかがだろうか。水を満たした湖沼に溶岩、もしくは火砕流が突っ込んでその動きを止めたというほうが、筋は通ると思うのだ。

次に、火山活動がいわゆる上古と呼ばれる時代に実際あったか、ということについても考察しよう。ヤマタノオロチは「高志《こし》の八岐大蛇」と記述されている。高志という地域は出雲の古志、もしくは今の北陸地域全般をいう「越」の国のいずれかと考えられている。越の国がいわゆる大和政権の支配の下におかれたのは五～六世紀頃とされ、『古事記』や『日本書紀』の編纂年代と近い時代と言える。

ここで、日本海側において有史以降に噴火活動が起こった山を見よう。草津白根山、新潟焼岳、乗鞍岳《のりくらだけ》、白山などがあげられるだろうか。いずれも北陸地域である。ヘビにちなむ地名や、酒甕にあたる池がいくつもあるというと、白山がまず思い浮かぶ。山陰では、およそ3700年前までさかのぼれば三瓶山の噴火記録がある。ちょうど、出雲の古志の遺跡で当時の火山噴火に由来する堆積物が見つかっている。噴火で集落が被害に遭っているのだ。

火山噴火は、日本が火山列島といえども同一地域で頻繁に起こるものではない。いちど噴火して2~300年休む、というパターンであれば、伝聞として伝わりにくく、まして映像伝達手段でもなければビジュアルを伝えることができなくなる。

私の見解としては、3700年前と古いが、地理的な整合性と、遺跡で実際被害もあっていることから、三瓶山がヤマタノオロチそのものではないかと考えている。火山研究者の意見もうかがいたいところだ。

先達の歩んだ道の先に

円了や寺田よりさらに昔、江戸時代にも今でいう科学的アプローチを試みる学問はあった。「本草学《ほんぞう》」という、今の博物学に近いものがもっとも有名である。本草学というのは、植物を主体とした、薬用になる材料を研究する学問である。

また、名と物の対応関係を明らかにする「名物学」、有用な産物を網羅する「物産学」なども分類を行う上で興味の方向性は同じであった。また不思議を解こうとする弁惑物や、合理性をつきつめた無鬼論的な考え方も、現代的科学の曙光《しょこう》のようなものであった。

本書のいう妖怪古生物学は、おおむねこのような流れの中にあると言っていいが、妖怪や異獣そのものの存在否定をする立場にはない。生類の中にあって、妖怪は必要不可欠の分類群であったことに、私は疑いがない。

分類というのは自然科学の中でも「種とは何か」といった哲学のニュアンスが強い分野で、生物哲学という言葉もあるくらいだ。そのような中で、なぜ妖怪という分類が必要だったと考えるかは、本書を読み終えた際にご理解いただけるのではないかと思う。つまらなくて途中で読むのをやめてしまわないよう、細心の注意を払って筆を進める所存である。

三　妖怪「科学離れ」考

ここまでで、妖怪古生物学とは何かということを多少なりとも「そういうものか」とわかっていただけただろうか。話は少し脱線するように見えるかもしれないが、本章の最後に、現代の「科学離れ」について少し触れておきたい。「妖怪古生物学」などという怪しげなものを提唱するのには、私なりの危機意識も含まれているからである。

今世間では科学離れ、もしくは理科離れが叫ばれて久しい。私は科学離れ自体、何かしらの恐怖感が生み出した妖怪のような産物、井上円了のいう、いわゆる「誤怪」もしくは「偽怪」に近い発想であるとみている。

これをいったん〝妖怪「科学離れ」〟と定義したい。

科学フィーバーのノスタルジー

人類の歴史をあらためて顧みると、科学的に説明できる現象の大半は、永らく神威の奇跡や妖怪の仕業など、目に見えざる何らかのふるまいに見立てられてきたのであって、そもそも科学が日常生活の中で身近に感じられてくる時代というのは、近代にいたって何とか萌芽的なものが見られ、ヘタをすると現代のごく最近ではないかとさえ感じる。

迷信や神や悪魔という信仰から解放された時代は、特に日本では冷戦時代の宇宙開発競争から万博開催あたり、すなわち1960年代から70年代ではないだろうか。

フィクションの世界でもハヤカワSFシリーズのアシモフからマジンガーZ、ヤマトに至るまで、センスオブワンダー輝ける時代と重なる。これらの多層的な科学礼賛のピークが20世紀半ばから後半にあり、ここが科学的立場から見ると今のところ、もっとも幸福な時代だったと言えるかもしれない。

もちろん、輝かしい科学の光の陰には、より濃い影が落ちているのであって、もろ手を挙げて評価するのはためらわれるが、前を向いて力強く歩みを進めていった推進力は古今を見渡して比肩できないレベルであったことに疑いの余地はないだろう。月を歩く人類を目の当たりにし、大阪万博が開催され、スクリーンやブラウン管では巨大なロボットや宇宙怪獣が暴れ、隆盛を極めていたのだから、そこで幼少期~青年期を過ごした人々がそのかつての賑わいと比較して今に物足りなさを感じてしまうのも無理はない。

科学隆盛期に育った世代が管理職を経て名誉職に登りつめている昨今、彼らが現状の一見「科学離れ」している状況を前に、過去を振り返ってお嘆きになっているのではなかろうか、というのが私の見立てである。

私は「科学離れ」はこの世代がノスタルジー含みで主張しているに過ぎない、と考える。少し時代が下った昭和後期、宇宙開発華やかなる時代の香りがわずかに残る80年代に物心がついた私たちは、この科学フィーバーがどれほどだったか肌で感じ取れない。

幼年期から少年期にかけて、私の目の前には科学礼賛が一服した後に台頭したオカルト的世界が広がっていた。テレビをつければＵＦＯと宇宙人、本屋に行けば心霊写真集が山と積まれていたころである。スプーン曲げもまだブームが健在で、給食のスプーンはすべて曲がっていた。パワースポットやパワーストーンが若者の間で流行する現今を快く思っていない諸氏には、メディア編集などに携わっている世代の中核が「怪奇特集！　あなたの知らない世界」「矢追純一」などを背負っていることに気づいてほしい。私たちの同世代の婦女子はだいたいにおいて「ぼく地球《たま》」（日渡早紀の漫画作品『ぼくの地球をまもって』）のみならず、やおいで育ってきてもいるのだ。

話が本題とズレたので修正すると、科学礼賛の時代は一時的であった、というのが私の主張である。具体的には１９６０年代から20年くらいの間、世界は科学熱に浮かされていた。話を蒸し返すかもしれないが一応言及しておくと、オカルトも70年代には全盛ともいえる時代を迎えていたので、レイヤーが重なっている部分も少なくない。

この科学熱の最大の供給源は、冷戦体制の末に生まれたアポロ計画であろう。1961年のソ連の宇宙飛行士ガガーリンによる宇宙飛行から、1969年、アメリカのアームストロング、オルドリン両宇宙飛行士の月面着陸をピークとし、70年代初頭あたりまで、年間兆単位（円換算）の予算を投じた人類史上空前絶後の科学振興のプロモーションでもある。

そこから見れば、どう見たって20世紀末から21世紀初頭の科学振興事業はショボい。世界中、全般的にショボい。

私は妖怪「科学離れ」とは、いっときの盛り上がりと比べたショボさゆえに生み出された不幸な鬼子であるとみている。いくら科学立国が危ういと言われても、その時代と比較するのはあまりに酷だ。当時は米ソを中心として世界中が熱に浮かされていたのである。

現代を取り巻く状況を勘案すると比較するのもあまりにかわいそうで、仮にこれを現実の事象として証明したいのなら、せいぜい昨今の減少は「科学の踊り場」とでもしておけばよいのではないかと提案したい。

「科学の踊り場」は手前味噌ながらなかなか良い言葉ではないかと思う。ナポレオン失脚後のウィーン会議を揶揄した「会議は踊る」を連想させる。

敵は無関心にあり

ともあれ、このようにして妖怪「科学離れ」はあらかた説明できるように思っている。この妖怪が目撃されたと騒がれる昨今は「1万年は誤差範囲」という古生物学的な時間間隔でものを考えている立場からみると、実体としてとらえるには証拠不十分な誤差とみなせるだろう。株式投資に例えると、前場の5分足チャートの下落を見て先々の株価を案ずるようなものである。このようなスケールの小さい怪異については、あんまり気にしなくてもいいのではと思う。[*9]

本節の冒頭、妖怪「科学離れ」を「誤怪」もしくは「偽怪」とした理由は以上のとおりである。

もちろん、科学側がいわゆる世論から離れているという見方もある。国際化とか教育普

＊9　スケールの小ささでいくと、妖怪として扱う場合はかえってかわいらしく、好感が持てる。

及とか地域貢献とか、「重視すべき」とされるものが雨後の筍《たけのこ》のように生えている。

加えて研究者としてはインパクトファクターなどが重視され、日本語で論文を書いても意味がないという時流もある。科学の業績はだいたい英語で発表され、英語ができなければ最先端の科学に触れることはできない。大学での講義を英語だけにしたり、国際化に向かってひた走るなかで、インテリ以外の人々には伝わらないような方向に進んでいるのだからひっちゃかめっちゃかである。

科学ライターなどががんばって紹介するという手もあるだろう。誤訳による混乱も時折みられるが、近年は激減している。ただ、科学普及の重要性が大学など研究機関に直接入ってきたのは、妖怪「科学離れ」が叫ばれて久しい、おそらく独立行政法人化以降の現象であるので、もともとあった科学界の浮世離れした構造が、その正体とは言いがたいところである。

とはいえ、妖怪「科学離れ」が固定化した共通認識になってしまうと、そこから「科学の意義の消失」「科学不要論」につながるような連鎖が考えられなくもない。仮にも科学の徒である筆者としては、何とかしたいと思っている次第である。本書も科学の視点を持つことで思考を柔軟化させる事例を列挙し、「科学の意義」みたいなものを示そうとあがいた末の産物であることをご理解いただきたい。

さて、科学離れの宿敵は何かといえば、それは「科学無関心」にあるように思う。科学嫌いであればまだ認識されているだけマシであって、全く気にしない「無関心」は非常にやりづらい。科学嫌いとひっくるめて科学の「か」の字も意識させずに、言い方は悪いがいったん騙し、引き込んだのちに実は科学でした、とバラすことで土俵に立たせるのが良いかもしれない。本書も多分にその手法を用いようと思っている。

次章はそれを行うのだが、冒頭の「鵺の正体」に関してはかなり意図的にその手法を取り入れた事例と言えるだろう。

もうひとつ提案したい切り口は科学側の悪しき保守性の緩和だ。科学者は役に立たないという世間の視線に対抗するために外殻が発達しすぎていないか。私は科学離れには相互のコミュニケーション不全が働いていると考えるが、現状それをすべて大学などに丸投げしている点で政策とそれを受ける側の不幸なミスマッチが起こっていると感じている。

要するに身もふたもない言い方をすると、遊びが足りないし、遊ぶ余裕がない。そこを何とかしたほうがよい。

第二章 古文書の「異獣・異類」と古生物

古い文献に書かれる正体不明の生類であった「異獣・異類」。彼らのうちいくつかの種は、後の世において妖怪に列せられた。本章ではこういった異獣・異類や妖怪とされる生類を詳しく見ていきたいと思う。

得られた情報を十全に活用し、彼らを蘇らせる手法をご覧いただきたい。

一　鵺考――『平家物語』『源平盛衰記』を読む

「鵺《ぬえ》」とは、トラツグミという鳥である。夜の山で寂しげに鳴き、『古事記』においてすでにその存在が語られている。具体的には、ヤチホコノカミノミコトが越の国（越前・越中・越後に加賀、能登を含む地域）の娘にストーキング（勝手に家に押しかけ、一晩中娘の家の門戸を揺さぶるなど）をかけ、わざわざその内容を娘宛ての手紙で伝える段において登場している。ここでは夜更けを表す表現として「青山にぬえが啼《な》く」という表現が出てくる。

鵺を表す漢字は空偏に鳥と書く。鵼《ぬえ》である。

『古事記』の鵼、また『古事記』と同じ8世紀に編纂された『万葉集』ではぬえ鳥と詠まれ、その声の主は、寂しげな声でさえずるトラツグミとする説が有力で、ここはあまり揺らぐことはないだろうと考えられる。

ただし、声の主の姿が描写されているわけではなかった。当時は懐中電灯もなかったので、夜中に山に入って確かめるすべはなかっただろうから、詳しく調べることは困難だったはずである。山に生息する夜行性の生き物は鵺に限らずその多くが、ごく近年まで詳しくは知られていなかったと考えられる。今私たちはあまり気にしないが、指向性の光源の誕生は、生態学の研究にとって衝撃的な出来事だったに違いない。

さて、鵺の姿の描写で有名なのは12世紀後半ごろ、源平争乱を題材に成立した『平家物語』や、『源平盛衰記』などの軍記物語である。弾き語りをする語り物の『平家物語』と、読み物風の『源平盛衰記』という特徴がある。どちらに信憑《しんぴょう》性があるかというのも考えるだけ無駄であろうが、現在の「鵺像」は『平家物語』によるところが大きく、『源平盛衰記』で書かれる描写は忘れられがちになっている。顔がサル、胴がタヌキ、四肢がトラ、尻尾がヘビという『平家物語』版は、弾き語りとして一般に浸透した上に、尻尾がヘビであるという特異性から絵にしてみると映えた。鳥山石燕や、歌川国芳《くによし》、月岡芳年《よしとし》らによる江戸後期の絵画が有名である。

図7　月岡芳年「新形三十六怪撰／内裏に猪早太鵺を刺図」
（東京都立図書館蔵）

『源平盛衰記』では、平家全盛期に夜な夜な皇居の屋根の上で恐ろしい声をあげて鳴く、という行為をはたらき、気味悪がられた。時の天皇はそれがもとで病にかかる。そこで、源頼政《よりまさ》一党に討伐が命じられた。弓の名手だった頼政が見事に鵺を射て、落ちたところに部下の猪早太《いのはやた》がとびかかり、刀で突き刺して仕留めたという。天皇の病も快癒し、英雄譚としてめでたしめでたしである。

鵺はネコ科のあの動物？

これまで私も、よくわからない気味の悪い妖怪だな、とか、荒唐無稽なフィクションだな、くらいにしか思っておらず、特別興味をそそられるものでもなかった。しかし、数年前に私は、この鵺という生き物の正体を、単に空想上の生き物と決定してしまうことにためらいを持ちはじめた。というのも、『源平盛衰記』の記述をベースにすると、鵺の正体に一定の現実味を見いだせることに気づいたからである。

『源平盛衰記』では、頭がネコやサル、背がトラ、四肢がタヌキ、尻尾がキツネとなっている。『平家物語』のバージョンと対比されている動物はあまり変わらないが、目立つところでは尻尾がヘビとキツネで異なっていた。

鵺を仮に空想の生き物とすると、もう少し恐ろしい描写をしたほうが、より怖がらせるという意味ではよいのではないだろうか。顔の描写について、牙の鋭いトラを用いず、あえてネコ、また四肢もタヌキより鋭い爪を持つ生き物は多い。わざわざタヌキを出してくる理由は何なのだろうか。鳴き声もトラツグミのような悲しげな声より、重低音で吠えるような獣らしさがあったほうがよくないか。

いっぽうで、各部位を事細かに描写しているという点には着目したい。彼らは実際に見たままをそのまま描写していた、と考えることはできないだろうか。鳴き声が「いわゆる鵺鳥」と記述されているところは特に注目に値する。怖がらせる、もしくは頼政の勇気を際立たせるならば、オオカミとかトラとかが吠えているほうが都合がいいだろう。大きな肉食獣も、故郷から迷い込んだ人里で孤独になれば、雷に怯えるイヌやネコのようなか細い声で鳴く。それが「鵺鳥的」であることは想像しやすくないだろうか。寂しい「鵺の鳴き声」の記述は、私にとってことさら真実味のある記述に感じられた。

大型とはいえ、せいぜい人並みサイズなのも、もっと大きくしてトラくらいでもよさそうなものなのに、控え目といえば控え目だ。

姿の描写も少し詳しく見てみよう。特に尻尾をキツネだと仮定した場合、浮世絵などに見られる不思議な生き物とは異なる姿が見えてくる。頭部がサルやネコ、という特徴は、イヌ科のような吻部《ふんぶ》（口とその周辺部）の長い生物と異なっている特徴をとらえている。体の下のほうがタヌキのように黒っぽかったのかもしれない。キツネのしっぽは、肉食の哺乳類としてはふさふさしていて立派だ。

最後に生態だ。夜な夜な現れて鳴くので、夜行性である。宮中の屋根に登っていることから、木登りもうまいだろう。文中の記載は少ないが、特徴がコンパクトにまとめられているといっていい。

さて、それでは都のてっぺんで毎夜寂しく鳴く、そのいきものとは何か。

私はそれを、絶滅した大型のレッサーパンダと考えた。

いちおう、これはわりと真面目に考えての物言いである。もちろんそこには、食肉類化石の研究が専門だったがために、それらのモチーフとなる妖怪にじゃっかんの愛着がある感は否めないが、ウケ狙いという意図はない。結果的に「現生のレッサーパンダを考えると」ファンシーで、キャッチーだったのかもしれないが。

まず、レッサーパンダの学名はアイルルス（*Airulus*）である。これはギリシャ語でネコを意味し、ネコに似ていることから付けられた学名である。ちなみに本家のネコの学名はフェリス（*Felis*）で、こちらはラテン語が語源である。

私が研究者になって以降、この鵺退治のくだりにあらためて差しかかったときに、ネコ科っぽいな、と思うと同時に脳裏で変換されたのが、フェリスと、アイルルスのふたつの学名だったのである。

後者のアイルルスでひらめいたのだ。

そこでアイルルス、すなわちレッサーパンダっぽいことを裏付けようとしたところ、いくつかそれを支持する描写が見いだせた。

1. 尻尾が蛇ではなくキツネなら、まあレッサーパンダっぽく見える。
2. そういえば、大型の化石が新潟の栃尾で見つかっていて論文に引用したことがある。
3. 当時の150センチメートルくらいのヒトと取っ組み合うくらいの大型種だ。
4. 生態も現生種と比較した場合、じゅうぶんありえないか。
5. 肉食動物の不安な声が、いわゆる鵺鳥的なものなのではないか。
6. 夜行性の種が山から都に迷い込んで、宮殿に登って鳴いているんじゃないか。

と、だいたい大雑把にこのような特徴が推察された。

里に下りてきて帰り道を失ってしまった鵺（大型のレッサーパンダ）が、昼は軒下に身を隠し、夜な夜な屋根に登って心細く仲間に呼びかけていたところを、武装したあまたのヒトに囲まれ、弓を射られ首を掻《か》き切られたのだとすると、不憫《ふびん》でならない。

もちろんこれはひとつの仮説にすぎず、また元となる文献は日記や公文書でもないので、眉に唾をつけながら各自が慎重に判断いただきたいと思っている。読者の方々が思っている以上に、おそらく私自身がこの説を支持していない。

仮説がネットで拡散する

余談になるが、本書を読んでいただいている方の中にはこの説を知っている、という方がいるかもしれない。というのもこの説は、2016年、2017年と、2年にわたってSNS上で広く拡散されたからである。その経緯に触れておきたい。

2012年の頃だったか、この話を思いついて、近しい方々に話しまわっていたところ、比較的よい反応をいただいていた。その間に、京都のギャラリーで小説家の峰守ひろかずさん（化石好き）と出会う。峰守さんと妖怪について古生物ネタまじりで話していた際に、興味を持っていただき、小説中でひとつのエピソードとして語られた。[1]２０１４年の末のことだった。峰守さんのファンの方々にはおおむね好意的に受け取っていただけたようだった。

その2年後、２０１６年の初春、同じく哺乳類化石の研究者で当時、大阪大学総合学術博物館にいた西岡祐一郎さん（現早稲田大学）から「なんかいい夏の特別展企画、ないっすかねー」と相談された。このときに「妖怪古生物展やろーぜ」と半ば冗談で答えたところ、妖怪画の揃えもめどが立って企画が通ったということで、この話は関西でコソコソと広まり始めた。年度が替わると西岡さんは出奔して早稲田に行ってしまい、後任は大学の後輩である半田直人さんに引き継がれた。東濃を痛《いた》車で爆走する瑞浪《みずなみ》市化石博物館の安藤佑介さんや、関西の化石業界のベテランで、チリメンモンスター[2]の創始者のひとりでもある渡辺克典さんらの助力も得て、展示や冊子がけっこうちゃんと作られた。

一気に火が付いたのが、この企画展が終了した直後の9月であった。

JR東日本の新幹線の座席に置かれているフリーペーパー「トランヴェール」誌上において、作家の荒俣宏さん、漫画家の熊倉隆敏さんらとともに、日本に伝承されるさまざまな怪異を追う「荒俣宏妖怪探偵団」が組織され、新潟を旅する特集の中でこの説を披露したのだった。トランヴェールの企画は大阪大学の企画展とほぼ同時期に話が進んでいて、編集者と企画段階から相談していた。

その編集者からは「鵺の話をどうしても入れたい、だが旅する舞台は新潟」というなかなかの難題を出された。京都はトランヴェールの配布地域ではないため、舞台にはなりえないという。ただ、日本で唯一のレッサーパンダ化石（歯の化石）が見つかっていたのが新潟県だったという事実を伝え、話は前進した。肝心の鵺は、三条市の石動《いするぎ》神社に彫刻家・石川雲蝶の手による鵺の彫刻を見つけてきてくださり、「これでなんとかなるかな」ということになった。

そうして三人で長岡市立科学博物館に収蔵されているレッサーパンダの化石を見に行った。ここで「鵺―大型レッサーパンダ説」を披露することになったのだが、荒俣さん本人

＊1　峰守ひろかず著『絶対城先輩の妖怪学講座』シリーズ（メディアワークス文庫）。これから興味を持って読まれる方にも、正体を知りつつも読むという楽しみ方もあろうかと思うのでお勧めしたい。鵺のエピソードは3巻。

＊2　ちりめんじゃこの中に混入している他の魚の稚魚やエビ、カニなどの幼生のこと。略称「チリモン」。大阪府岸和田市のきしわだ自然史料博物館発祥のワークショップが有名。

に事前に伝えてはおらず、ぶっつけ本番であった。ここで「つまらない」と言われたらもうそもそも企画自体がダメになってしまうというプレッシャーがあり、これは久しく体験のない重圧だったことを鮮明に記憶している。

幸いにして本説は好意的に受け止めていただいたようで、雑誌の記事としてもメインの扱いとなった。

旅先では『北越雪譜《ほくえつせっぷ》』*3や河童の妙薬、極楽絵などを前にして、妖怪界隈の議論というのを初めて目撃したわけだが、荒俣さんと熊倉さんお二人が中心となったことで、溢れんばかりの妖怪知識と愛情に飲み込まれ、窒息しかけた。

「トランヴェール」の該当号が無事発行されたころ、私は兵庫県丹波市に着任しており、その日も夜遅くまで丹波市の知名度が伸びないという相談を受けていた。どうしたものかと家路につくと多数のメール通知が入っており、SNS上で「鵺―レッサーパンダ説」が拡散していた。

あっという間に鵺をレッサーパンダ化したイラストも描かれていったが、中にはアライグマを描いている方もあり、収拾がつかなくなっていた。「昔のレッサーパンダは今より5倍程大きかった」とか「大陸から献上品としてレッサーパンダがやってきて脱走した」

とか、話に尾ひれがついていく過程を追いかけることができて、まさに妖怪が作られていく瞬間を目撃しているような感覚になった。

他にもおもしろかったのは、「レッサーパンダで洋風になった!」となにかチベットに分布する現生種が欧米あたりに生息していると思っている方や、源頼政の威厳が落ちたと困惑している方、また今後、鵺を演じる際にどうすればよいのかと途方に暮れる能楽師の方などの姿があった。

後日、「トランヴェール」編集部、制作サイドでも、これまでに類を見ない反響だったとの報告を受け、ようやく安堵したのだった。

さらに翌年2017年、「月刊ムー」に登場することになる。取材を依頼されたときには、さすがに研究者としていかがなものかと悩み、知人友人に相談もしたが、ある意味そうそう掲載される雑誌でもないため、好奇心が勝った末に依頼を受けることに決めた。破門や学会追放という言葉が脳裏をちらついたものの、結果的にはライターさんと何度も原稿のやりとりをさせてもらい、私の主張をはっきり記事に反映していただけた。ここでも前年

＊3　鈴木牧之（ぼくし）著。1837〜42年。越後の地誌。

同様に、ＳＮＳ上で大きな反響となった。「月刊ムー」に顔写真が載ったのは私にとってもステータスとなり、特にサブカル気質のある友人研究者からはたいそう羨ましがられた。

いまのところ、いずれの学会からも追放の知らせは届いていない。

レッサーパンダ類とは

せっかくここまでレッサーパンダに入りこんだので、ここからは実際にいたレッサーパンダ類についても語ってみよう。

まず、そもそも一般に呼ばれている名前からだが、レッサーパンダを日本と同じようにレッサーパンダと呼んでいる国は今では少ない。英語だとレッドパンダ（red panda）のほうが一般的ではないだろうか。というのも、レッサーという単語に「劣った」という蔑んだ意味が含まれるため、他の国では使わない傾向にある。日本でも固有名詞にひそむ蔑称はほとんどが変更された経緯があるが、なぜか横文字はその対象から外れている。また、レッサーパンダには「ファイアフォックス」という別名もあり、海外では名称からしてさまざまであるが、本書では国内の一般名に合わせてレッサーパンダで統一する。ちなみにファイアフォックスという別名は、鵺の正体を考察する上で大きなヒントとなる材料のひとつでもあった。

現生のレッサーパンダは、頭から尻尾まで1メートルほどのサイズをした食肉目に分類される哺乳類である。分類上、肉食獣のグループではあるが、一般にはササの葉を食べることで有名だろう。実際のところ彼らの食性は雑食で、小型の哺乳類や果実など、ササ以外にも多くのものを食べている。

「ジャイアント」より「レッサー」のほうが先

次に、白黒のジャイアントパンダとの関係性について述べる。

ジャイアントパンダよりもレッサーパンダのほうが（西洋には）早く発見・報告されたことは、本書を手に取っていただいた方の中にはすでにご存じの方もいるかと思われる。中国大陸の奥地でひっそりと生活していたパンダがこの世（西洋）に初めて紹介されたとき、ジャイアントもレッサーもなかった。現在のレッサーパンダを「パンダ」としていたのだ。ところがその後、白黒のジャイアントなパンダが、先に見つかっていた小さいほうのパンダの分布域と近い、四川省の山奥から報告されてしまった。レッサーパンダが報告されたのは1830年代のこと。その後1869年のジャイアントパンダの発見により、レッサ

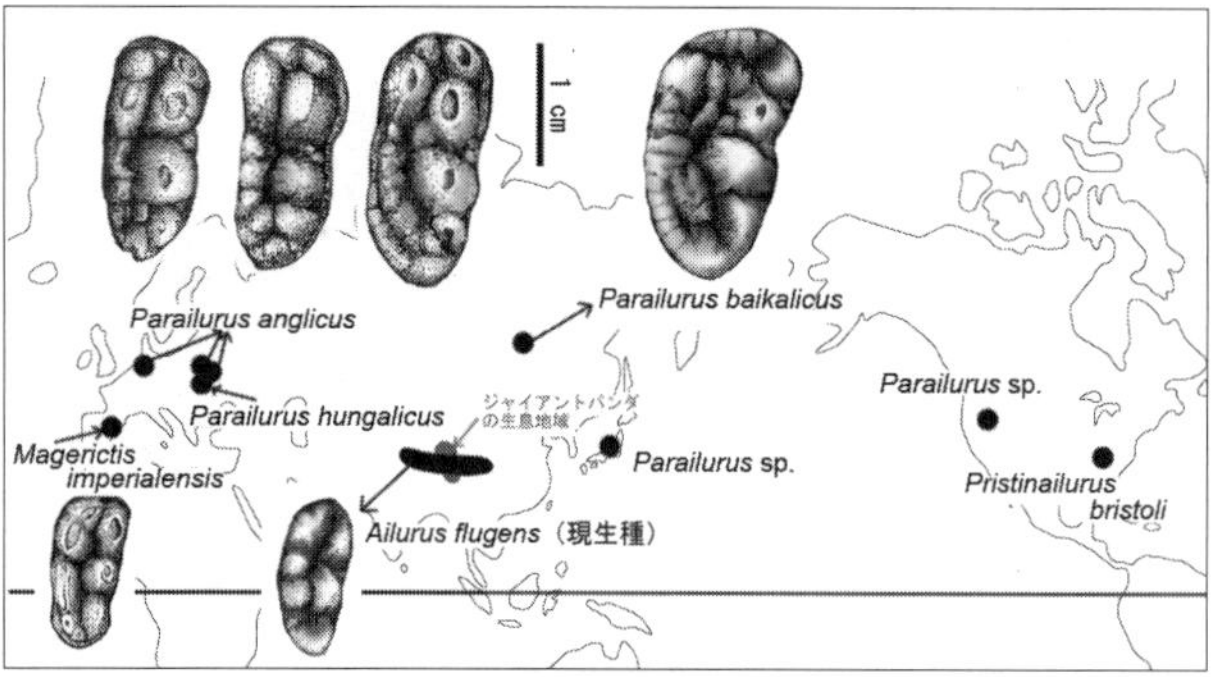

図8　レッサーパンダの分布ならびに下顎臼歯のサイズと形

ー（小さい・劣った）パンダと呼ばれるようになったというい きさつがある。

日本では白黒のほうがウケが良かったと見え、1972年にカンカンさん、ランランさんが来日して以降、パンダと言えばジャイアントパンダを指すような時代がしばらく続いた。だが、21世紀に入り、千葉県で飼育されていたレッサーパンダ、風太さんによる、後ろ足で立ち上がるという行動が着目された。この芸によって急速に市民権を得たとみえ、レッサーパンダのケージは、今では多くの動物園の目玉スポットになっている。

ちなみに名前こそ同じであるが、レッサーパンダとジャイアントパンダは全く別の科である。レッサーパンダ科には、現在1属1種2亜種が知られている。それぞれ住んでいる地域からシセンレッサーパンダ、ネパールレッサーパンダと呼ばれ、いずれもユーラシア大陸中央の高原地帯に分布している（図8）。科として近縁なところにアライグマ科やイタチ科、スカンク科がある。

　ジャイアントパンダが属するクマ科はもう少し遠縁である。レッサーパンダ自身も、かつては形態的に良く似ているアライグマ科やクマ科に分類されていた時期があったが、近年のDNAによる系統解析によってその単系統性が支持されている（図9）。レッサーパンダ科はおよそ三〇〇〇万年前に上記の科の共通祖先から分岐したと考えられている。レッサーパンダ科のなかは3つの亜科に分かれ、レッサーパンダ亜科以外の2亜科はいずれも絶滅してしまっている。

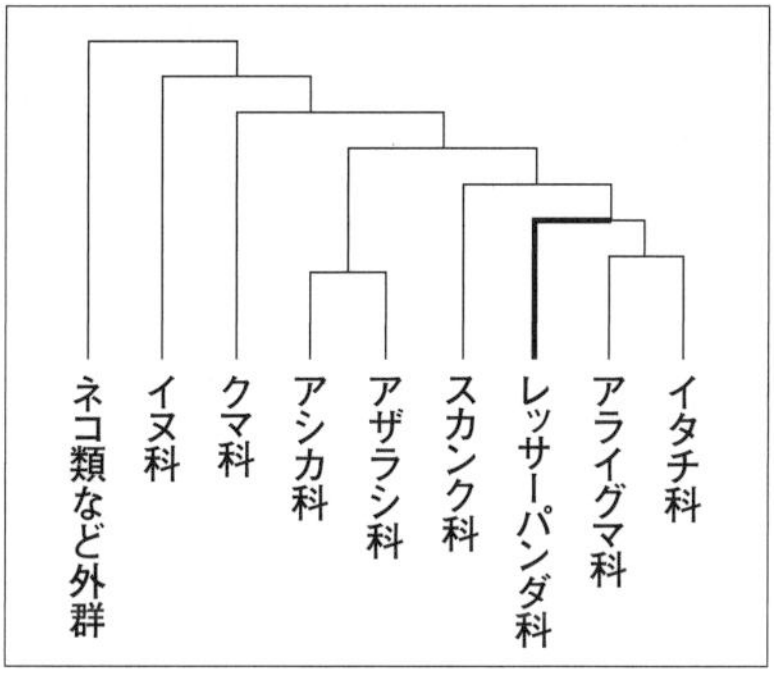

図9　レッサーパンダ科分類

最古のレッサーパンダ

　レッサーパンダはいったいいつ、どこで出現したのか、化石記録からも見てみよう。

　彼らは基本的に樹上生活者であるため、地上性の脊椎動物と比べると化石として残りにくく、断片的な記録にとどまる。樹上生活者が化石になりにくいのは、洪水やがけ崩れ、岩場の割れ目に誤って落下するなどの事故に遭う可能性が陸生生物に比べて低いからである。そんな事情があって、なかなか丸ごと一体の骨が保存されるということは難しい。

先に述べた通り、現在のレッサーパンダの分布域は、チベットの山奥に限られている。白黒のジャイアントパンダの分布域ともよく似ている。しかし、だからといって地質時代にも現在と同じような分布をしていたかというと、そんなことはない。

レッサーパンダ最古の化石記録は、現生に形態的に近そうな亜科のレベルで考えると、1600万年前くらいのスペインで発見されているマゲリクティス（*Magerictis*）である。その後1000万年ほど化石記録がなく、時代が飛んで鮮新世（約500万年〜250万年前）のものがヨーロッパからアジア（日本も含む）、北アメリカから産出しはじめた。北半球全域に広まったのは、パライルルス（*Parailurus*）という大型種で、今のところ500万年前から200万年前くらいの地層からみつかっている。原始的なマゲリクティスや現生の種に比べると1・5倍ほど大きいのが特徴である。北アメリカからも同属の報告があり、さらに北アメリカ大陸東部からは現生種とあまり変わらないサイズのプリスチナイルルス（*Pristinailurus*）も発見されている。

いずれの化石種も、歯の形態は基本的に現生種と共通した雑食性の特徴を有しているが、ロシアのバイカル湖近くで発見されたパライルルス・バイカリクス（*P. baikalicus*）は、歯の咬頭《こうとう》（かみ合わせの面）が非常に複雑化し、高度な植物食適応を遂げていたことが示唆されている。この複雑な咬頭は、近縁ではないジャイアントパンダの歯の特徴にびっくりするほどよく似ている。

しかも、レッサーパンダとジャイアントパンダはどちらも前肢に第六の指を持っている。さらに歯の形が似ている化石種があり、現生種は生息地域まで似ているのだ。いっぽうで、彼らは近縁ではなく全く別の科なのでごちゃごちゃになってしまう。これらの類似は収斂《しゅうれん》進化[*4]ととらえるか、これらのグループで共有される形質ととらえるか、もう少し研究が必要だろう。前肢に第六の指を持つ肉食動物化石は各地で続々と発見されていて、クマやアライグマ、レッサーパンダの絶滅種では頻繁に見られる形質だったことがわかってきている。

＊4 異なる生物だが、似た形質を獲得して外見も似たように進化すること。フクロオオカミとオオカミ、魚竜とイルカなどが有名である。

クマ科のジャイアントパンダについては、中国雲南省の禄豊《ルーフェン》からの報告がおよそ800万年前と、これまで最も古かった。更新世（約250万年前〜1万年前）に入ると、東南アジアから中国の北方までの範囲で分布し、特に中国南部では「ジャイアントパンダとトウヨウゾウに代表される動物相（*Ailuropoda-Stegodon* fauna）と名前が付くくらい代表的な種であった。北京原人が見つかった北京近隣の周口店洞窟からも出土している。

2012年にはスペインからジャイアントパンダに近縁な化石種が報告された。インドのシワリク層などから産出するクマ類の特徴とあまり変わらず、要は原始的なジャイアントパンダ類ではあるものの、原始的なクマ類全般に見受けられる特徴とも言えるため、私はジャイアントパンダの一種というのは少し言いすぎだと思う。遊離した歯2個のみで報告されており、なかなかジャイアントパンダそのものと考えるのは難しいところだ。

私たちの知るジャイアントパンダを考えると、その祖先は中国南部あたりに住み、その後、徐々に内陸の高山地帯に生活の場を移していったと考えてよいだろう。

時間の隔たりをどう考えるか

先に述べたが、日本でレッサーパンダの化石は歯がひとつだけ、新潟県栃尾から見つかっている。見つかった化石は上顎の遊離歯がひとつ。特徴的な三角形の咬合《こうごう》面をもつ歯である。300万年前くらいの地層から発見された。これをもとに鵺がレッサーパンダの一種ではないか、としているのだが、正直、300万年前から平安時代までの時間の隔たりは大きいため、説得力に欠けている自覚はあるのだ。

ただ、いちおうの解釈（言い訳）はしてみたい。

生態学には「レフュージア」（避難場所）という発想がある。これは、環境変化により生息域が限られて残ってしまった場所を言う。例えば氷河期に分布していた生き物が、気候が温暖になるとともに標高の高いところに取り残されている現象がひとつの例である。高山植物やナキウサギ、雷鳥など、日本アルプス周辺では有名な高山地帯の動植物がいる。島も、外敵との接触が限定されることからレフュージアの舞台となりやすい。北半球に生息していた当時のレッサーパンダにおいてもチベットはレフュージアであり、おそらく日本列島に残っていたのであれば、同様の仕組みによるものの可能性を見たいところである。

300万年の空白期間が長いか短いか、というところでは、先に述べた通りスペインのマゲリクティスから北半球全域にいたパライルルスまで1000万年空いていたことを考慮に入れたい。もう少し長い事例を挙げると、およそ6500万年前、白亜紀に絶滅していたと考えられていたシーラカンスが1952年にインド洋で、1997年にインドネシアで発見されている。時間の空隙はなかなか埋まらないもので、一概に「ありえない」と言えないところがあるのだ。

結論としては、「レッサーパンダはチベットだけでなく島嶼にも残されていて不思議ではない」というくらいで、帰納法で仮説を作るのは難しいこともあって、話半分で聞いていただきたいところである。

他の食肉類の分布の広がり

ちなみに大型のレッサーパンダと同じ分布域には、ハイエナやヤマネコ、剣歯ネコのような恐ろしい肉食獣もいた。[*5] レッサーパンダの歴史を見てきた1600万年の間、つまり中新世から鮮新世、そして更新世にかけての間、北半球ではどの哺乳類も東西の行き来が起こっていて、わりと均一で似たような動物相が広がっていた。ジャレド・ダイアモンドの『銃・病原菌・鉄』に描かれた人類史をほうふつとさせる、東西の活発な動きである。糧となる獲物さえいれば、分布はあっという間に広がる。

その時代の環境は、一般に「モザイク的」と称されるようなものとして説明されている。

モザイクというのは、ここでは森林と草原が適度にバラけて存在していた環境のことを意味する。時代としては、地球全体で急激な寒冷化が進み、さらにその先に氷河期がやってくる、そのくらいのタイミングである。

二 「一つ目」妖怪考——化石との関係

「一つ目の妖怪」の化石

レッサーパンダの話が長くなったが、次は鵺よりももっとイメージしやすい、いわゆる「妖怪」的な妖怪を考えてみよう。

妖怪の代表的な意匠として「一つ目」がある。日本では一つ目小僧や一つ目入道、いっぽんだたらなどが有名だ。鳥山石燕の『画図百鬼夜行』では、青坊主（図10）や山童《やまわらわ》が一つ目で描かれている。西洋においてもキュクロプスという一つ目の巨人が、ホメロスの『オ

＊5　日本では今のところ見つかっていない。将来見つかるかもしれないし、見つからないかもしれない。

デュッセイア』、ヘシオドスの『神統記』など、紀元前に記された物語に顔を出している。彼らに共通する特徴は、顔の中央に大きな丸い目を持つ点である。

古生物学の世界では、キュクロプスの頭はゾウの頭骨を見て考えられたものと言われていて、普及書などにもよく書かれているネタである。フランス国立自然史博物館が発行する「骨から見る生物の進化」という脊椎動物の骨格集においても言及されている。ゾウの頭骨の中央にある巨大な鼻腔が、一つ目の眼《がん》窩《か》に見えたのだ。たしかにゾウ頭骨の眼窩は一見どこにあるのかわかりにくく、鼻腔部分を巨大なひとつの眼窩とみると見間違えるのにも納得がいく（図11）。日本もそうだがヨー

図10　『画図百鬼夜行』の青坊主（早稲田大学図書館蔵）

ロッパでも、今に残る文字文明が誕生する以前に、その地域からゾウがいなくなってしまった。

イタリアのシチリア島にはかつて「コビトゾウ（Dwarf Elephant）」という小型のゾウが棲んでいて（現在は絶滅）、小さいとはいえ頭部はヒトの頭よりずっと大きかった。[*6] 地中から発掘されるこの謎の頭骨を当時の人々が目にしたとき、仮にこれをヒト型の生物の頭と考えて復元すると、3mくらいの巨人となる。この「キュクロプス―ゾウ」仮説は、『THE FIRST FOSSIL HUNTERS』の著者であるマイヤー先生によると、1914年、オーストリアの古生物学者アベルによって指摘されたことが始まりとされる。このあたりは土屋健

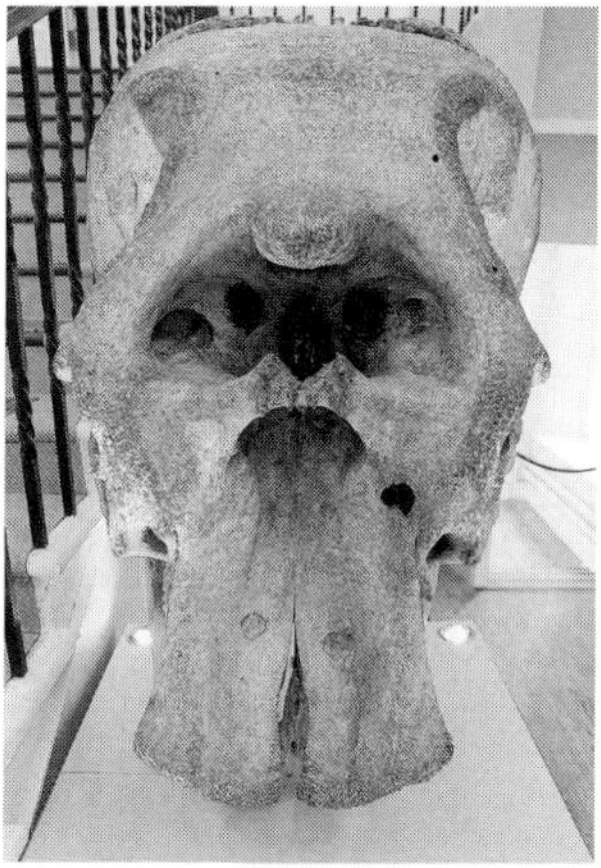

図11　インドゾウの頭骨

＊6　ゾウの矮小（ドワーフ）化はロシアのウランゲリ島やインドネシアの島々などでも見られ、エサの限られた島嶼環境への適応と考えられる。

さんの著書『怪異古生物考』に詳しく書かれている。ちなみに同書を監修しているのはこの本の筆者、荻野慎諧である。併せて読んでいただけるとより世界が広がるのでぜひお勧めしたい。

いずれにしても、人類史上ごく近代まで、魔女や憑《つ》き物の存在同様に、一つ目の巨人も実在性を帯びて人々の生活に根付いていただろうと考えられる。

日本でも天目一箇命《あまめのまひとつのみこと》という一つ目の神をはじめ、いっぽんだたら、一つ目小僧、一つ目入道、また先に述べたとおり鳥山石燕の『画図百鬼夜行』に描かれた青坊主や山童など、たくさんの一つ目の妖怪が存在する。

これらがすべてゾウと関係しているというわけではないが、そのうち特に大型の一つ目妖怪に関しては、ゾウの影響がどうしてもちらつく。

一つ目の巨人は特に鍛冶などに関連づけられて解釈されることが多く、ひょっとしたら鉱物採集などでたまたま発見されたゾウ化石が元になっている可能性も考えられるのではないだろうか。

ゾウを見たことのない人は骨から姿を復元できるか

さて、このゾウ化石であるが、日本のあちこちで見つかる。ひとつひとつの骨が大きいので目にとまりやすく、がっしりしているので化石としても残りやすい。瀬戸内海では昔から地引網に引っかかってゾウやシカの化石が見つかることがあって、海沿いの神社のご神体がゾウの歯、というところもある。これらはゾウとは認識されず「竜骨」「竜歯」といったかたちで祀られている。*7

ゾウ化石のコレクションで最も古いものは、地学よりもむしろ日本史のほうで有名かもしれない。8世紀、奈良時代の聖武天皇の所有物だった。東大寺の正倉院がその収蔵庫である。「校倉造《あぜくらづくり》」という言葉を懐かしく思い出された方も多いことだろう。この倉庫の台帳「東大寺献物帳」のひとつ「種々薬帳」に「五色竜歯」と記されているものが、ナウマンゾウの歯であった。やはりこれも竜歯、すなわち竜骨の一種とされている。珍品として

*7 生きたゾウが歴史上で日本に知れ渡ったのは、18世紀の前半、第8代将軍吉宗の時代である。ちょうどこの時代の絵師、伊藤若冲は精密な動物画で有名だが、ゾウだけはいまひとつ写実的とは言えない（第三章で後述）。年代的には子供のころに「享保の象」を見た可能性があるが、たとえ見ていたとしても、しっかりした観察まではできなかったのかもしれない。

だけではなく、薬という実用品として蒐集されていたものだろう。

ゾウの歯の話になったので、ちょっと話を生物学的な方向に脱線させてほしい。ゾウの頭骨の特徴として、中央に大きくあいた鼻腔の他にも、歯がおもしろい。牙か、と言われると確かに牙も歯だが、口の中にある臼歯に着目してみよう。

私たちヒトの歯は、小学生のころに乳歯から永久歯に生え変わる。生え変わりは人生一度きりで、永久歯が乳歯を押し出すように、垂直的に置換される。いっぽう、今地球上にいる現生のゾウ類は水平置換と呼ばれる珍しい歯の交換を行う。

通常ゾウの臼歯は上下左右に1本ずつ、口の中に合計4本生えている。それが小臼歯から大臼歯の順番で、ベルトコンベアのように前に押し出されていくのだ。歯が摩耗して磨り減ってくると、新しい歯が生えてきて、また植物をすり潰すことができるのである。最終的に第三大臼歯（親知らず）が出てくる。ひとつの歯をすり減るまで使うことで、年齢を重ねても、ものを食べられるようになっている。

この特徴を利用すると、ゾウの年齢は、歯の生え具合、摩耗具合を見ればわかる。したがってゾウは化石として歯が出てくると、多くの情報が得られるのである。

話をもとに戻そう。このような日本列島のゾウ化石は、種数も豊富である。日本では1

800万年〜数万年前までの地層から様々な種類のゾウが見つかっている。いちばん古い化石の記録は中新世（約2300万年〜500万年前）の前期にいたステゴロフォドンである。そこから1000万年ほどゾウ化石の空白期間があり、ステゴドンという属が産出しはじめる。このステゴドンは見つかった地域の名前が個別についているものが多い。シンシュウゾウ、ミエゾウ、アカシゾウ、アケボノゾウなどがそれだ。これらの種がいなくなった後、同じステゴドン属のトウヨウゾウ（*Stegodon orientalis*）が本州以南に分布した。またマムーサス属（マンモスの仲間）化石も出ていて、これにはシガゾウという和名がついている。

ナウマンゾウ（*Palaeoloxodon naumanni*）は、日本のゾウ化石でも特に有名だろう。このゾウは日本列島に入ってきた人類と同時代に生息していて、狩猟対象にもなっていた。ナウマンゾウが日本にいた最後の野生のゾウである。

このように、新生代の半ばからごく最近まで、ゾウは日本列島を代表する哺乳類の一種だったといっても差し支えない。

さて、ここで問いかけをしてみたい。仮に現在、ゾウが完全に絶滅していたとして、研究者や復元画家が果たして正しいゾウを描けただろうか。これは、古脊椎動物界で時折話

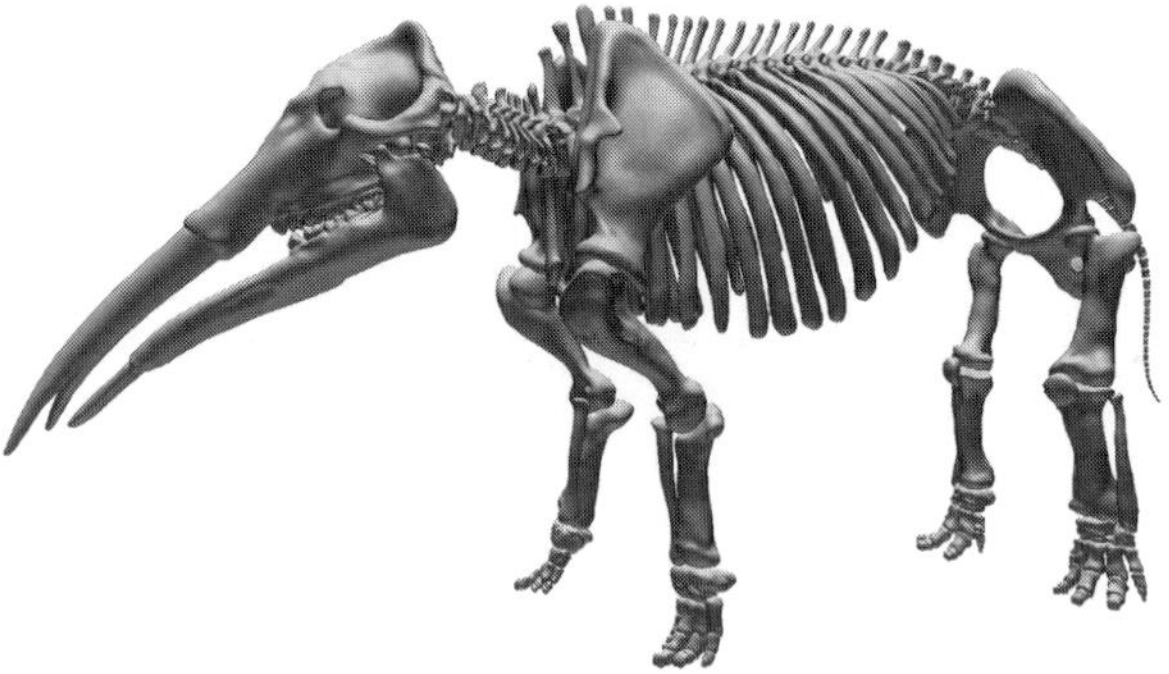

図12　日本産の長鼻類、ゴンフォテリウムの骨格

題になる課題である。

ゾウの特徴といえば長い鼻と大きな耳であるが、これらの部位には骨がないため、死んで化石となると跡形も残らない。特に復元の手がかりとして「水をどう飲んでいたか」は生命維持に関わる重要な視点だ。ある程度首が長ければ地面に届くが、ゾウは首が短く、水面に口をつけるところまで頭を下げることができない。もしゾウが長い鼻を持っていることを誰も知らなければ、研究者によっては、この水飲み問題から「水生適応していたのでは」と考える人も出てくるはずである。

ここで改めてゾウの骨格を見てみよう（図12）。この首が短く、頭の大きな動物が、生前どんな姿であったか、予備知識なく骨を見ただけではなかなか見当がつけられないのではないだろうか。特徴的な鼻や耳を正確に復元することは困難だろう。

こうなると、ゾウが絶滅してしまった日本のような地域でその化石が出てきた場合、昔の人たちはどうしただろうか。目の前に未知の巨大な骨が横たわる以上、何らかの解釈が必要で、「異獣」なり龍なりの分類に入れる以外はなかったのかもしれない。

では、ゾウを知っていた地域（インドなど）にはゾウに由来する一つ目巨人の伝説はあるのか、というと、そういうわけではないようだ。やはり日頃見かけない動物、すなわちその地域で絶滅しているという要素が必要なのだろう。たとえ骨になっていても、生きているゾウが身近にいたら、その頭骨を不思議なものとは思わないからかもしれない。

「竜骨」としてのゾウ

先ほど東大寺の正倉院に「竜歯」（竜骨の一種）としてナウマンゾウの歯の化石が収蔵されていると書いた。現在も竜骨は漢方の材料として現役で利用されている。現代医学でも効能は実証されているらしく、不眠に聞く漢方薬「柴胡加竜骨牡蛎湯《さいこかりゅうこつぼれいとう》」や、精神を安定させる「桂枝加竜骨牡蛎湯《けいしかりゅうこつぼれいとう》」に竜骨成分が含まれているとのことだ。これらは中国から輸入されたものである。江戸時代の殿様や名士の集めたコレクションには薬品も多数含まれていて、この中にも古渡《こわたり》*8のものを含め、竜骨がみられる。

竜骨は哺乳類の化石骨や歯、ツノなどが中心である。私が見たことのある、ある博物館に収蔵されていた竜骨で判別がついたものの中には、絶滅した三本指のウマであるヒッパリオンや、水牛の指骨などが混在していたものがあり、華南地域の100万年前くらいの地層から発掘されたものだということまでわかった。*9この薬にお世話になっている方もいるかと思われるので、飲む際には中国大陸の更新世あたりの哺乳動物相を思い浮かべていただくと、よりいっそうありがたみが出てくるかもしれない。

このように、ゾウをもって一つ目の巨人や龍が語られるのは、当時の人々が生体のゾウをこの目で見たことがなかったことが大きな理由と考えられる。

ちなみに「竜骨はゾウなのではないか」という言及は、18世紀半ば、源通魏という人物の著書『竜骨弁《りゅうこつべん》』*10によって言及されている。源通魏はペンネームで、私たちが通常、平賀源内として認識している人物であるそうだ。蘭学が本格的に研究され始め、その波は本草学にも及んだ時代である。『竜骨弁』は中国伝来の竜骨を「竜の骨ではないかもしれない」と疑問を呈した書籍である。別の著書『物類品隲《ぶつるいひんしつ》』で源内は小豆島産の竜歯を「その形象の歯に似たり」と述べ、断定は避けてはいるものの、この時点で真実に手がとどくところまでいっていた。

平賀源内は同じように天狗のドクロとされた頭骨についても考察を行っていて（『天狗《てんぐ》髑髏《しゃれこうべ》鑒定縁起《めききえんぎ》』）、江戸の桜田門近くで発見された天狗の頭骨の真偽を鑑定したいきさつが書かれている。福田安典先生の「風来山人[*11]『天狗髑髏鑒定縁起』考」では、他にもこれに類する源内の本草学的なアプローチについてのエピソードが紹介されている。

ここでは門人たちと頭骨の正体を探るのだが、骨を詳細に観察したのちに考察を行っている。憶測や書物の記述を鵜呑みにして、竜であったり天狗であったり、と結論づけるそれまでの学問体系から、観察を通じてその正体を探るという手法が試みられていく萌芽を見てとることができる。

付図をみると、イルカの頭骨であることがわかる（図13）。作中で門人に「大魚（クジラや

---

*8　室町時代以前に大陸より渡ってきたもので、珍重されていた。
*9　北京原人がみつかった周口店洞窟も、もともとは竜骨の採掘地だった。
*10　1760年。馬首・蛇尾・鹿角・鬼眼・牛耳・鯉鱗・鷹爪・虎掌の姿態をもち三界に棲むという竜の性質が書かれている。竜骨については、けっきょくのところ何の骨かわかったものではないと述べている。
*11　風来山人も平賀源内のペンネームのひとつ。

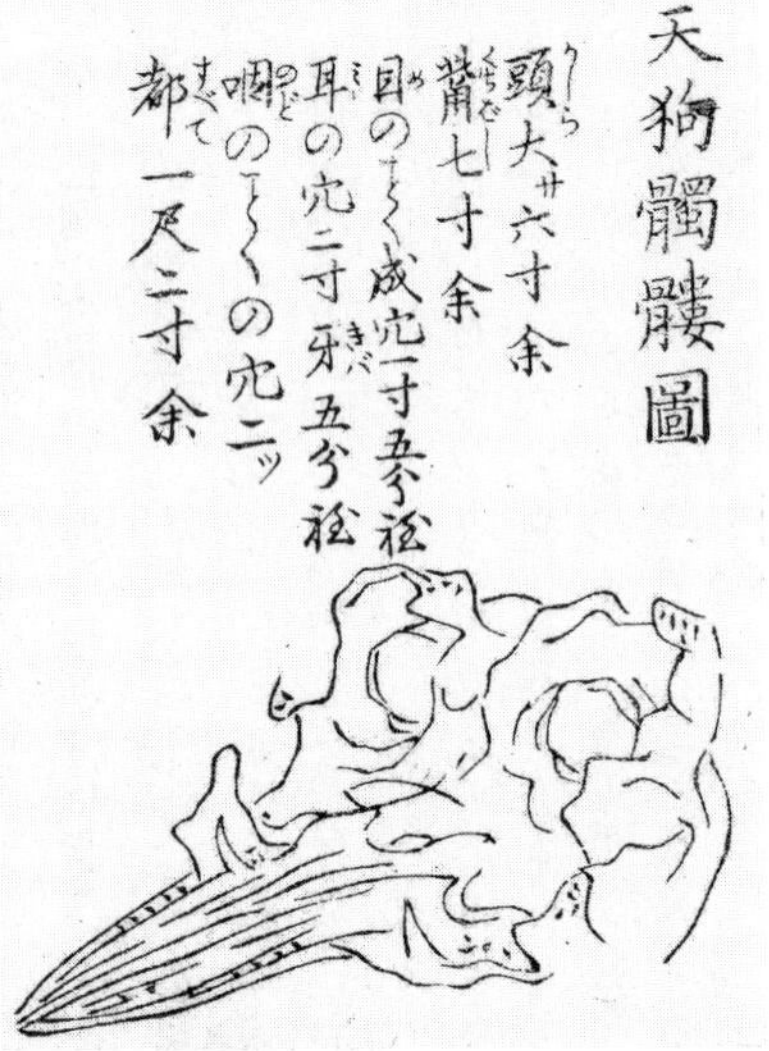

図13 『天狗髑髏鑑定縁起』に描かれた図（早稲田大学図書館蔵）

イルカも当時は魚類）の骨ではないか」と言わせており、これもいいところまでいっていた。ただし、結論ではそれを明言してはいない。

　源内は真に迫りながらも、いずれの場合も従来の「竜」なり「天狗」なりの枠からは外れないところに落とし込んでいる。

　その理由について福田先生は『天狗髑髏鑑定縁起』の中の一節に見てとった。

　毒にもならず、薬にも、何のお茶とうにもならざれば、諸人自ら甘んじて天狗というて嬉しがるならば、其波を揚げその釃《しる》をすすりて、天狗にするが卓見なり。

ヒトの生き死にに関わらないのであれば、一般の興味志向に沿うと、作中の人物に言わせているのである。晩年の源内においては、残念ながら科学的な視点での探究は鳴りを潜めていた、ということになる。

竜骨大論争、その後

源内ほどの圧倒的な知名度はないが、同時期に木内石亭《きうちせきてい》という本草学者がいた。その石亭が著した『竜骨弁』には、明和年間（1764～1772年）に東京湾で発見された竜骨を、平賀源内が「真の」竜骨と鑑定するくだりがある。

明和年中東武佃嶋ノ漁父沖ニテ網ニ得タリトテ龍骨一ツ漬帰ル（中略）平賀氏購得タリ源内常ニ竜骨ト云物ハ象骨ナリト云シガ是ヲ得テ後象骨ノ説曾《かつ》テ不云《いわず》龍骨ノ弁ト云書ヲ著述シテ是ヨリハ竜骨真竜ノ骨ナリト説ケリ。

源内は一時期、竜骨をゾウの骨と考えていたものの、明和時代あたりには竜骨は竜の骨とすべきと説いていたことになる。

その後、蘭学医の杉田玄白による『蘭学事始』には、龍という生き物はいないとする蘭学者カランスを相手に、源内が土中から産する化石を竜骨と言い切り、カランスはその奇才に感じ入ったというくだりがある。

カランス聞きて大いに驚き、益々《ますます》その奇才に感じたり。これによりて本草綱目を求め、右の竜骨を源内より貰《もら》い得て帰れり。その返礼としてヨンストンス禽獣譜《きんじゅうふ》、ドドニュース生植木草、アンボイス貝譜などいえる物産家に益ある書物どもを贈りたり。

結局カランスはその「竜骨」を持って帰ったというのだから、ヨーロッパではその後いろいろ混乱しただろう。いっぽうで源内も多くの書物を得て、この場においてはお互いに非常に有益な場だっただろうと想像できるが、ヨーロッパにもたらした混乱がどれくらいであったかは定かではない。なかなかのお騒がせ案件である。

『竜骨弁』が発表された翌年、これに反論するかのように『駁竜骨弁《ばくりゅうこつべん》』という書物が世に出る。甲斐国の源昌樹という人物が書いたというが、これもまたペンネームである。ここまでのくだりを見ていくと、下手をすると『竜骨弁』『駁竜骨弁』の著者は両方とも源内でも不思議はない、とさえ思えてくる。

結局、竜骨とされていたものをゾウの化石骨と明確に断定したのは、1811年に小原春造によって書かれた『竜骨一家言』であった。ゾウの化石を竜骨というが、ゾウだけではなく、山類水族を問わずすべての化石骨をみな竜骨と称している、だから竜骨が化石骨であることは当たり前である、と結論づけている。

1メートルの蛇の頭骨？

ゾウの化石について語ってきたが、同じような巨大な化石にまつわる伝承ということで、大蛇、すなわちヘビに注目したい。

ヘビは「異獣」というより「異蟲《いちゅう》」というべきか。ヘビのような爬虫類やカエルのような両生類は、現代の分類体系以前の「生類」のうち、「蟲《むし》」の仲間に分類されていた。

ヘビのからんだ怪異というと、キツネやタヌキに引けを取らないくらい枚挙にいとまがない。むしろ、むかしがたりに登場するヘビの出番は獣たちより幅広く、自然現象も含まれる。おおざっぱに、長いものはヘビもしくは龍になるが、ツノの有無でヘビか龍に分類されているのだろう。先に触れた寺田寅彦の「神話と地球物理学」にあるヤマタノオロチもそうだし、『古今著聞集』の怪異「空から降りてくる大蛇[*12]」のように、「竜巻」を大蛇の胴体と考えて記録されている例が見られる。土砂崩れを大蛇（場合によっては大ミミズ）の抜けた後になぞらえる「蛇抜け」も全国各地で見られる。

「蛇骨」は「ヘビの頭骨が見つかる」という報告が多い。だが、実際のヘビの頭骨は非常に繊細で、死亡して頭骨がそのまま残ることはとても珍しい。化石はおろか、現生種でも気をつけて解剖しないとヘビの頭骨はきれいに取り出せない。そんなわけで、文献に登場する蛇骨の頭は、ほぼヘビではないと言い切れるだろう。蛇骨と記録されているものはおおむね頭骨で、大きさは30センチメートル程度から、1メートルを超えるものまである。

実際に文献に登場している例を見てみよう。江戸後期に西村白鳥という人が集めた三河国・遠江国近辺の巷談《こうだん》である『煙霞綺談《えんかきだん》 巻之二』に、箱根山と駿河国の蛇骨が記録されている。箱根山のほうは骨の記載はなく、もしかしたら露頭の地層の褶曲《しゅうきょく》（プレートの移動などで地層が曲がりくねるように変形すること）をみているのかもしれない。

駿河国のほうは比較的詳細な記述がある。駿河国、志太郡《しだのこおり》の山中、桑野山地域（現在の榛原《はいばら》郡川根本町）から産出した蛇骨について見てみよう。

（前略）大山崩れ落ちて大蛇を埋《うず》む。其後に土流れ大蛇の白骨顕《あらわ》れ出しに、口とおぼしき所に入《はいり》て手を伸し見るに漸く上腮《うわあご》（顎）にとどく。それより速々に骨を取て山畑の鹿垣《ししがき》に結い、胴骨は柿渋をつく臼、又は居家沓脱《くつぬぎ》の踏台とせしが、年々諸方へ執《とり》去りしかば、いまは垣も踏台も云いつたえたるばかりにて、其形に似たるものさえ稀なり、たまたま石に油の凝りたるごとき物のつきたる数多《あまた》ありて、かの蛇の油なりとて、けづりて切疵《きりきず》などに付る。近比此《ちかごろこの》石をもとめて、東武に異品を好める人に贈りしに、衆議《しゅぎ》判断して、山洞鍾乳《さんどうしょうにゅう》の滴《したた》り落て、自然に土石油の凝りたるごとき、是を石状という。

口に手を入れて伸ばすとようやく上顎（口蓋か）に届く、ということから、頭骨全体は1メートル近いと思われる。鹿垣とは山林と田畑の間に作られた動物の侵入を防ぐ垣で、木柵や石垣などの総称である。鹿砦、猪垣ともいう。これらに結いつけていたというのは、

＊12　橘成季編。巻17、恠異26。延長8年7月に流星が爆発したことに続き「同（月）20日、黒き雲西南より来たりて龍尾壇をおほふ。すなはち風吹て大虵（おろち）の五六丈ばかりなるおちかかりて高欄やぶれにけれど虵は見えざりけり」と、簡潔に竜巻の出現から消滅までを描写している。

肋骨《ろっこつ》が妥当だろうか。すり鉢状の脊椎骨の椎体部分は、柿渋をつくるために青柿をすり潰す臼としてちょうどよい。靴を脱ぐ際の台にするというのはそれなりの大きさがあったことが推察できる。『煙霞綺談』が編纂される際の取材があった安永年間には、すでに蛇骨が発見されてからだいぶ時間が経ってしまい、骨は崖の露頭から取り去られて過去の話となっていたようである。

こう見てくると、蛇骨の正体はクジラと考えてよいだろう。山がくずれた露頭から出てきた見慣れない骨は、大きな頭と胴体があり、腕や足の存在は気にならなかったものと思われる。また、牙や歯、ツノが目立てば、それは龍として記載されたかもしれない。歯のないことでヘビに見えたとするならば、大蛇骨の多くはヒゲクジラだった可能性が考えられる。

静岡県川根本町あたりには、新生代の前半「古第三紀」の最後のほう、およそ3000万年前の地層が分布している。この時代はハクジラやヒゲクジラの現生種に通じる祖先が登場した時代で、クジラ化石研究には重要なのだが、仮に蛇骨がクジラだったとして、さらにこの時代の地層から見つかったとしたらなかなかに興味深いことになる。

文献中で言及のある「ヘビの油が固まった」というのは、石灰質の沈殿物だろうか。

鍾乳石《しょうにゅうせき》のような光沢があるようだ。中国の本草綱目にも肌の保護目的で蛇油が記載されているが、これを参考にしているのだろう。

三　地誌の異獣考――『信濃奇勝録』を読む

前節では古文書を引用して怪異の正体の考察を進めてきた。ここからはもっとはっきりと、一冊の地誌をじっくりと読みながら怪異と向き合ってみたい。取り上げるのは『信濃奇勝録』である。

『信濃奇勝録』（以下『奇勝録』）は、江戸後期に田野口藩（今の長野県佐久市）の神官、井出道貞によってまとめられた信濃国の地誌・郷土誌である。明治時代になってその孫により出版されている。

『奇勝録』は物語ではないため、「化かされた」とか「怖ろしい目に遭った」といったエピソードがなく、ただ淡々とその地域で目撃された不思議な動物が記載されている。だからこそ妖怪古生物学的には興味深い。偽怪、誤怪だけでなく、まさかの真怪？　も飛び出す大きな発見もありそうなので、私の本来の研究テーマなどを織り交ぜながら読み解いていきたい。

この書物に着目したそもそものいきさつとして、「荒俣宏妖怪探偵団」による日本の古い記録の再発見事業がある。企画じたいが鵺の項で述べたJR東日本の雑誌「トランヴェール」スタートであるため、その土地ごとの発見を記した紀行要素がつよい。2018年の夏の企画を「長野で何か」と編集者から打診され、ふと見つけたのが始まりだった。

以下、『信濃奇勝録』全五巻のうちから特に気になった異獣について、原文と照らし合わせながら検討していく。

「雷獣」は空を飛び、雲に乗る？

まずは『奇勝録』に記載されている妖怪異獣の中でも有名どころから見ていきたい。手始めに「雷獣」を取り上げよう（図14）。

雷獣とは、その名の通り雷の鳴る悪天候のもとに出現する獣とされている。天候によって現れたり引っ込んだりする動物、というのはあまり思い当たらず、哺乳類でそのような都合の良い種は考えづらい。荒唐無稽さがある感は否めないところではあるが、いちおう、

図14 『奇勝録』の雷獣

記載の細かいところまでを見ていこう。

雷獣は特に江戸時代以降、全国各地で目撃情報があり、記録ごとに様々な形態を有する。これらをすべて一つの種と考えるのは不可能で、雷獣は総称として用いられたものとして考えるべきだ。そしてその正体については、目撃譚それぞれについて別個に検証が必要だろう。各都道府県の妖怪が網羅的に掲載されている『47都道府県・妖怪伝承百科』には、栃木県と広島県[*13]のものが紹介されているが、これ以外にも本州全域でたくさん記録されている。捕らえられた雷獣が江戸で見世物にもなっていたという

*13 安芸国（広島県の西半分）で記録された雷獣は他のものと一線を画す。一般的には昆虫やクモ、甲殻類に近い外見とされ、体毛と鱗に覆われていて、哺乳類的ではないとされる。とはいえ、長い爪を持って毛に覆われているところは、哺乳類としては、さほど奇異ともいえない。もう少し考察が必要だとは思う。

記録も数多くある。そのほとんどは類型的な獣に準じた姿であるものの、中には他と一線を画す不思議な形態の雷獣もある。

「荒俣宏妖怪探偵団」の一行として新潟県のあるお寺で出会った雷獣のミイラは、ミイラ化した「ニャア」と鳴く獣であった。この個体はすでにさまざまな媒体で語られている由緒正しき雷獣のため、その正体について明言は避けたい。私から出せる精一杯のヒントが鳴き声であることにご留意願いたい。

このお寺の雷獣は口元が半開きで、種の同定の肝となる歯列が観察できたため、[14]一目で判別可能であった。もちろん妖怪探訪を目的とする企画においてただちに結論を言うのもどうかと思い、神妙に鑑定しようと試みたものの言葉が続かず、荒俣さんが「とても保存の良い良質なミイラ」と助け船を出されたことを鮮明に記憶している。

さて、『奇勝録』に記された蓼科山《たてしな》の雷獣は、同じ山に棲む雷鳥とセットで語られている。ライチョウは北半球の高緯度地帯、高山帯に生息するキジ科の鳥で、日本には固有の亜種が分布している（北海道のエゾライチョウは別属）。ライチョウは確かに珍しいが、出会えないわけではない。ただ現在、蓼科山を含む八ヶ岳一帯にライチョウは生息していないので、この記録からは江戸時代後期に今より広範囲に分布していたことがわかるのである。

鳥類に関しては完全に門外ではあるが、生物地理学的には、むしろこちらのほうが重要な証言かもしれない。
ライチョウの紹介に続き、同じく蓼科山に生息する件《くだん》の雷獣についてこのような記述が続く。

この山に雷獣有りて住む。ゆえに雷岳というところあり。その状《かたち》小犬のごとく毛は貉《むじな》に類して眼《まなこ》の回《めぐ》り黒みあり。はなつら細く下唇短く、尾も短し。足の裏は皮薄くして小児の足のごとし。つめ五本ありて鷲のごとく冬は穴をほりて土中に入る。ゆえに千年モグラともいえるよし。常には軟弱にして人になれもし、雨降らんとするときは猛くしてあたりがたしといえり。山中ゆうだち雨降らんとするときは岩上にあられ飛んで雲に入ることイナゴのごとしとぞ。

『奇勝録』の雷獣は、後述する「猿手狸《さるてのたぬき》」の特徴と似ている部分も多いが、主として3

---

*14 ニャアと鳴く獣は特に肉食に適応した歯列形態をしているため、他の食肉類と判別しやすい。

図15　ソレノドン

つの特徴に分け、類似の動物と比較してみたい。

ひとつめは、「滑空する」ということである。これはムササビやモモンガのようである。モモンガはムササビよりもずっと小さいので、当時の人々に区別がつかないということはないのではないか、と思う。

次に、「冬に土中に入る」というのは冬眠のことだろうか。そうなるとアナグマあたりが該当する。目の周りの黒さはムジナのようでもあるとのことで、目の周りの白い毛が眉毛のように見えるムササビとは異なっている。

最後に「千年モグラ」という別名である。千年モグラは他地域でも目撃情報がある。19世紀半ば、川尻村（今の神奈川県相模原市）に現れた。[*15] これらは中国大陸伝来の情報をもとに同定していた。仮にモグラで考えてみると、日本に生息する現生モグラは小犬よりもはるかに小さく、該当するものが見当たらない。

そこで世界に目を向けてみると、いちおう大型のモグラ類も見つけることができる。キューバやハイチにいる最大級のモグラ、ソレノドン（図15）である。ソレノドンは体重1キログラムくらいになる。形態を比較してみるとソレノドンは顔が細く、下唇は極端に短い。また、爪が鋭く、小児の足のようだといわれればそのようにも見える。正直なところ、この千年モグラ的な雷獣と外見がいちばん近いのはソレノドンかもしれない。とはいえ、ソレノドンの化石が中米の島嶼以外で見つかっているわけでもないため何の説得力もなく、私自身もただ単に似ているな、というだけで、これを支持するつもりはない。

全体の印象としてはムササビとアナグマ、モグラがごっちゃになっているような、里山の動物をミックスしたような姿である。それでいて外見が小犬のごとく、とのことでもあり、正直なところこの動物に特定できる、という結論には至らないだろうと思われる。

＊15　富士郡（静岡県富士宮市）で広まったコレラ流行の原因とされ、管狐の一種である「アメリカ狐」と考えられたということだが、ネコくらいの大きさでウマの顔をし、胴には毛が生え足はヒトの赤ん坊のようだ、とのことである。これを「千年モグラ」と呼んだということだが、頭がウマ、という描写以外は、皮膜を有するムササビと比較可能な特徴だ。

ちなみに『北窓瑣談《ほくそうさだん》』[16]に登場する雷獣も、ムササビやテンを想起させる生き物であった。

> 下野国烏山《からすやま》（栃木県那須《なす》烏山《からすやま》市）の辺に雷獣というものあり。その形、ネズミに似て大《おお》きさイタチより大なり。四足の爪甚だ鋭《するど》なり。夏の頃、その辺の山諸方に自然に穴あき、その穴より、かの雷獣首を出し空を見いるに、夕立の雲興り来る時、その雲にも獣の乗らるべき雲と乗りがたき雲有るを、雷獣よく見分けて、乗らるべき雲なれば、忽《たちま》ち雲中に飛入りて去る。（中略）またその辺にては、春の頃雪をわけて、この雷獣を猟《か》る事なり。何故といふに、雪多き国ゆえに、冬作はなしがたく、春になりて山畑に芋を種る事なるに、この雷獣、芋種を掘り喰《く》う事甚だしきゆえ、百姓にたのみて猟ることとぞ。是漢土の書には雷鼠《らいそ》と出たりと、塘雨《こうう》語りし。

イタチより大きい程度で外見がネズミに似ているということは、ムササビよりモモンガのほうが近いかもしれない。畑を荒らす害獣として駆除されていたようである。『北窓瑣談』の著者 橘 南谿《たちばななんけい》の友人、百井《ももい》塘雨[17]はこれを中国大陸の雷鼠であると語る。

２００年後の平成の世になって、日本では「雷鼠」が家庭用ゲームを中心に認知される事態に至っているわけだが、浦安のネズミにせよ、ピカピカと電気を発する雷鼠にせよ、世界レベルのメジャーな哺乳類キャラクターの座には常にネズミが君臨し続けているのはなぜだろうか。ネズミ類はあまり人類にとって益のある動物ではないのだが、人気がある理由を知りたいところである。

ともあれ、このような「いろいろ記述があるけれどわけのわからない」妖怪・異獣は、見る人によってさまざまな正体が提案されるため、ある意味「妖怪古生物学的考察」の観点からは最もおもしろい題材と言える。何かわからない種に対して、それぞれの持てる知識を総動員し、額を突き合わせて議論するのが、妖怪古生物学の楽しみの一つと言える。決してその正体が何なのかと、正しさや結論ばかりを求めるものではないのだ。

サルの手を持つ不思議なタヌキ

雷獣に続いて考察の俎上《そじょう》に乗せたいのは、松本市街の東、山辺地域で報告された「猿

＊16　江戸後期の医師・旅行家の橘南谿が晩年に記した随筆。学芸、人事、地理、鳥獣その他の見聞録である。
＊17　橘南谿の友達。旅行家。

手狸」である。

私は以前、松本市内で働いていたことがあり、特にこの猿手狸の目撃された山辺地域から下ってきた所に住んでいたために縁を感じる。平成時代の夜ふけには、松本市街のはずれではアライグマやハクビシンが跋扈《ばっこ》し、在来の哺乳類はあまり見かけなかったわけだが、江戸時代にも不思議な異獣がいたというのだ。猿手狸という妖怪をよく知らない方には、文献の記述を追いながらその姿を想像してみてほしい。

文化元年（1804年）の秋八月、山辺上金井《やまべかみかない》という里にてあるひと桑畑へ行きしに恠《あや》しき異獣畑の中をかけまわりけるゆえ犬を連れ行きて狩らせんとしけれど、猛《たけ》きけものゆえ犬も跡よりつかざりければその所の猟師をたのみつれゆきて鉄砲にてうたせたるに鉄砲にあたりてもなお狂いありきていとも猛きけものなりしがついに死したりとりて見ればその形すべてタヌキのごとくにして少し常のタヌキより大なり。毛も太く黒みつよし。口のきれのタヌキより深く、歯もタヌキより長く、眉タヌキより白みつよくまたタヌキと違いたるは四足《てあし》全くサルのごとし。みずかきあり。木へも上るべく見ゆ。されども木へのぼりし事はなかりしと也。この異獣名をしるものなし。ゆえに松本へ持ち出して米関《べいかん》（注：本草学者、小野蘭山《らんざん》の弟子）に尋ねしにこれは猿手狸といふものにて（猿手狸のこと本草啓蒙に蘭山の説も見えたり）あるいはこれを本草の風《ふう》狸《り》というものに充《あた》る説もありといえり。

文末に「風狸かもしれない」と記述されているので、まずは「風狸」なる異獣をあたってみた。風狸は鳥山石燕の『今《こん》昔《じゃく》百《ひゃっ》鬼《き》拾《しゅう》遺《い》』（図16）や葛飾北斎の『北斎漫画』に描かれていたものの、アレンジされていたのか、中国大陸の本草綱目にある記載と少し異なっているようだった。風狸はタヌキほどの大きさで尾が短く、赤い目、背中に斑があり、夜間に滑空するらしい。そこでムササビを最初に

図16　『今昔百鬼拾遺』に描かれた風狸

考えた。だが赤い目をしているという風狸はむしろ、東南アジアの島嶼部に生息するヒヨケザル（皮翼目）の特徴とも一致する。風狸はヒヨケザル、もしくはムササビであろう。ヒヨケザルが日本にいたとなればまたおもしろいのだが、この猿手狸の記載はヒヨケザルの特徴とは異なるようである。

ということで、『奇勝録』の猿手狸はどうだろうか。

まず、『奇勝録』で注目されているのは、名前の由来にもなっている「猿の手」という特徴である。猿の手が他の哺乳類と大きく異なっているのは「把握できる」ことである。これは私たちヒトを含めた霊長目に共通する特徴で、前肢の親指が、他の四指と離れて向かい合っている。これを「母指対向性」という。もともとは木の枝をしっかり把握するための、樹上生活に適応した形態である。

名前にあるように、サル類を候補としてまず考えたわけだが、この母指対向性を推理のスタート地点にすると、サル以外が候補から外れてしまう。単純に手の外見がサルに似るということなら、カワウソやムササビあたりもよく似ていると言えるだろう。特にムササビは手のひら側に肉球のような「こぶ」が見られ、手首近くのこぶで親指代わりにグリップすることができるので、ヒトやサルの手のひらによく似ている。ただしムササビの前肢の指をよく見ると、小指が他の四指と離れて皮膜を広げるために長く発達していて、他の哺乳類とは全く異なる。もちろん、それは骨にしてみて初めてわかる特徴ではある。

猿の手、というのは手の甲がわに毛が生え、手のひらは白くしわが寄っていて、指が長いというくらいの特徴でまとめられそうだ。

他の部分の記載も見てみよう。

サイズはタヌキより少し大きい。毛は太く、黒っぽい。口が裂けていてタヌキより大きく、また歯が長い。眉毛がタヌキより白い。四肢の手がサルのようである。みずかきがある。木の上にいるが、木を登ることはしない。

こう見ると、外見としてはだいたいタヌキっぽいが、そうではないということだろう。だが、これを知る者が近隣におらず、捕らえた猿手狸を持って松本に下り、米関という土地の本草学者に見てもらったといういきさつが書かれている。

この猿手狸、いろいろ考えてみたが、地元の長野市茶臼山《ちゃうすやま》動物園の田村直也さん、高田孝慈さんの見解としてはアライグマではないか、とのことであった。何よりタヌキと見紛う特徴は、一番近いのがアライグマだ。手先が長く、まるで猿のような器用さ、となるとその名が表す通り、アライグマの特徴である。眉の白さも一致する。荒っぽい気性もアラ

図17　キンカジュー

イグマをほうふつとさせる。

懸念は、尻尾の記述がないことだ。現生のアライグマの特徴として、まず縞模様の尻尾は外せない。アライグマ科のハナグマやキンカジュー（図17）も、やはり尻尾が目立つ。

また、アライグマ科というのは、中新世にヨーロッパで発生したもののアジアには入らず[*18]、北米に分布したグループである。現在は南北アメリカ大陸に自然分布していて、日本のアライグマは飼育個体が逃げ出した外来種である。日本での分布拡大は一般に1970年代後半からと言われていて、江戸時代の野生下の記録は当然ない。アメリカから輸入したものが脱走して松本市郊外にいた、と考えられる記録があれば、アライグマ説も強化されるだろう。

私としては、人為的な移入を考えない前提で、ムササビではないかという可能性を提案したい。

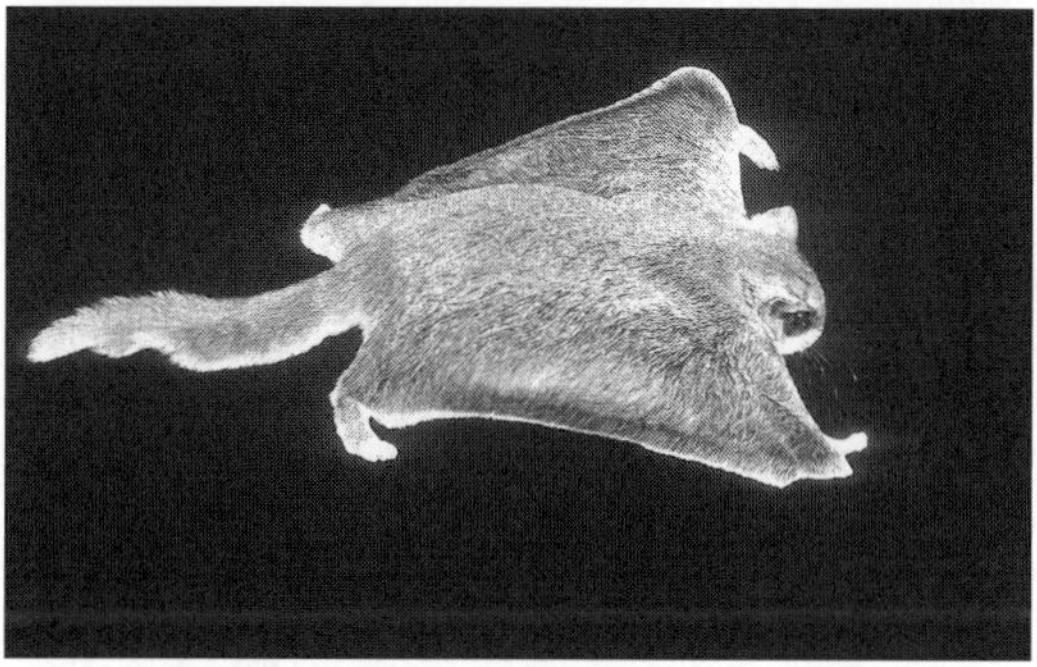

図18　滑空に欠かせないモモンガの皮膜

大きさといい、白い眉毛や長い歯（門歯のことだろう）、それぞれの特徴といい、猿手狸はムササビに比較される。みずかきがあるのでカワウソと混同しそうだが、ここで言う「みずかき」とは、指の間ではなく四肢の間にある皮膜のことを指していると私は考えた。「皮膜」という言葉がなかった時代に、四肢間にある膜を何と呼べばよいか、それをみずかきと称したのもわからないではない。

従来、みずかきと言えば指の間の皮膜を指し、カワウソの特徴という現代目線での考察が大勢を占めていた。しかしながら言葉の用法の変遷も考慮に入れ、もう少しフラットな視点で当時の人々の記載をイメージしたほうがいいように思う。「みずかき」もそうだし、

＊18　いまのところ見つかっていないだけかもしれない。

である。海棲《かいせい》の脊椎動物をだいたい魚に分類し、クジラを「大魚」といっていたことも、このような場面では、異分野の専門家として文献を読む意義は作り出せるのではないだろうか。

さて、ムササビのほかに四肢に皮膜があり、滑空する哺乳類は、モモンガ、有袋類《ゆうたいるい》のフクロモモンガ、ヒヨケザルが該当する。猿手狸が仮にこれらの生き物だったとしたら、現在生息していない北半球中緯度地域に進出していたことになり、大発見になってしまうが、残念ながらその証拠には乏しい。体のパーツの記載がそれぞれ一致しないのである。

以上、猿手狸はムササビであろうという考察だが、この種について別の部分で気になったのは、信濃国において珍しい動物ということであった。ムササビは今ではあまり身近な動物ではないが、古来においてはその毛皮が珍重され、重要な狩りの対象だった。各地の産物目録の意味合いもある風土記においても、ムササビの記述が見られる。『出雲国風土記』[*19]には鳥獣の項に飛鼯（ムササビ）について記されている。千葉県成田市から出土した、古墳時代のムササビ埴輪も有名だ。もしかしたら江戸時代にはもう随分と減っていたのかもしれない。

また鉄砲の伝来以前、さらには光源のない時代に夜行性の樹上生物をどう捕らえていたか、という疑問はある。ムササビはほとんど樹上で生活するげっ歯類であるわりに、この異獣は落とし穴を掘って捕らえるという記述が多い。わな猟がメインかと思っていたが、落とし穴猟による狩猟も鉄砲伝来以前の狩猟法だったのかもしれない。古来のムササビの狩りのしかたについては詳しく調べがつかなかった。

ムササビ様の不気味な異獣

ちなみに、『奇勝録』以外にも興味深いムササビ様の生物と考えられそうな異獣がある。その謎の動物について、ここで記しておきたい。

それは「黒眚（シイ）」と呼ばれる種だ。シイは、主に西日本で目撃記録がある異獣で、地域ごとにいくつかのバリエーションがある。『大和本草』と『和漢三才図会』ではほぼ同様のことが書かれている。全体としては「ウシを殺す」「ヒトを傷つける」といった被害が出ていたという。

＊19　地元の出雲国造である出雲臣広島（いづものおみひろしま）による編纂。8世紀初頭に朝廷の命によって各国の地誌や土地の物語などが集められた。出雲国風土記は、そのなかでも現存する五風土記のひとつ。神話の項などは有名だが、村ごとの特産品などの目録ページは往々にして読み飛ばされやすい模様。

このようにシイという異獣は獰猛な性格をしている。『斎諧俗談《さいかいぞくだん》』[20]には、一般的なシイとは少し特徴は異なるが、大和国で見つかった本種について詳しく記されている。

元禄14年(1701年)、大和国吉野郡の山中に獣あり。その形、オオカミに似て大きく、高さ四尺ばかりにして、長さ五尺計、色は白黒赤皁《くろ》斑の数品にして、尾はゴボウの根のごとく、鋭き頭《かしら》喙《くち》尖りて、上下の牙おのおの二つ、ネズミの牙のごとく、歯はウシの如し。目は竪(縦)にして、すね太くみずかきあり。走る事飛ぶがごとく、是に触るもの、面、手足および咽《のど》を傷《きずつけ》る。もし是にあう時は、そのまま倒れ、伏せば喰《く》わずして去る。弓鉄砲にてこれを留ることあたわず。故に落穴を用いて数十疋《ひき》を捕る。其後、この獣なし。是を俗にシイといい、また志於宇《しおう》という。

震沢長語[21]にいう大明の成化12年(1476年)に、京師(明国の都)に獣あり。そのかたち、タヌキのごとく、またイヌのごとくにして、飛ぶ事風のごとし。ヒトの面に傷《きずつ》けまたは手足を嚙む。一夜に数十疋発《は》る。その発る時は、黒気を負うて来る。俗に黒眚《しい》と名付けるという。

「すね太くみずかきあり」とある。そう、あの猿手狸と同じく「みずかき」の記述があるのである。「すね太く」というところから、指の間ではなく脚部にあることがわかる。頭部と吻部、歯の特徴もげっ歯類と見てよいだろう。歯（臼歯のことか）がウシに似る、というところは、草を磨り潰すのに適した臼歯列の特徴を表しているように読み取れる。文末に明国の記録を引いて比較するところでも「飛ぶ獣」とされ、ムササビを想起させる。これらの特徴を持つ獣を俗にシイとしていた、ということである。

いっぽうで、私たちの知っているムササビと考えると、腑に落ちない特徴も見られる。まずオオカミのような外見と、並外れた大きさである。高さが4尺（1・2メートル）、長さが5尺（1・5メートル）にもなるとある。このサイズの動物が樹上から滑空するのだろうか。「ゴボウ」と評される尻尾は、日本のムササビのふさふさのそれとは異なる印象だ。狩猟方法以外の特徴をまとめると、どうもこのシイという生き物、描写が正確なのであれば、現在日本に生息しているムササビではないのではないか、と考えたくなってしまう。

＊20 大朏（おおひ）東華著。18世紀半ばに書かれた、多くの著書から集めた怪異奇談集。巻之五は、「和漢三才図会」などに記された各地の異獣を記録している。

＊21 儒学者・柳川震澤（やながわしんたく）による書。

図19　シロフムササビ

東アジア、南アジア、そして東南アジア島嶼部にかけて、大型のムササビ（Giant flying squirrel）が生息している。最大のものになると日本の種より大きく、頭から尻尾まで1・2メートル、体重2・5キログラムくらいになるという。
　とりわけ、シロフムササビ（*P. elegans*　英名：Spotted giant flying squirrel）は背中に斑点があり、尻尾も「ゴボウ」に例えられる描写に比較的見合ったかたちをしているため、シイの記述に近い印象を受ける。分布は中国内陸部からヒマラヤ地方、インドネシアにかけてと、低〜中緯度の非常に広い範囲にわたる。
　このシロフムササビを直接『斎諧俗談』にあるシイと言うには証拠が何もないが、この種や、あるいはこれに近い未発見の種のことを、正体の可能性としてどこか頭の片隅に入れておきたいと思った次第である。

ちなみに大型のムササビは900万年前のヨーロッパからも化石種の報告があるが、現生種とかけ離れて巨大な種というのは寡聞にして知らない。

江戸時代の人が地質変動を知っていた？

雷獣、猿手狸と、ここまで『奇勝録』の中でもとくに妖怪っぽい派手めな妖怪について考察を進めてきた。それらに比べると、これから取り上げるのは一部の方には目を輝かせていただけるかもしれないが、いささか地味であることをお断りしておきたい。

「石」である。

『奇勝録』巻之三には「魚骨石」なるものが登場する（図20）。舞台となった地域は戦国時代、真田家の本拠となった上田市の中心街から千曲《ちくま》川[*22]を渡ってすこし西進したところだ。川沿いの断崖にある「半過岩鼻《はんがのいわばな》」という大きな洞穴が目印だ。その奥まったところに今も高仙寺大日堂がある。ここには泉田博物館という小さな博物館が併設され、クジラや

*22　越後では信濃川と呼ばれる。かつてはこの大河をサケが遡上して信濃国の奥まで入り込んでいたが、昭和初期にいくつかダムが建設されて以降、見られなくなった。近年はこの川にサケを呼び戻す活動が行われている。

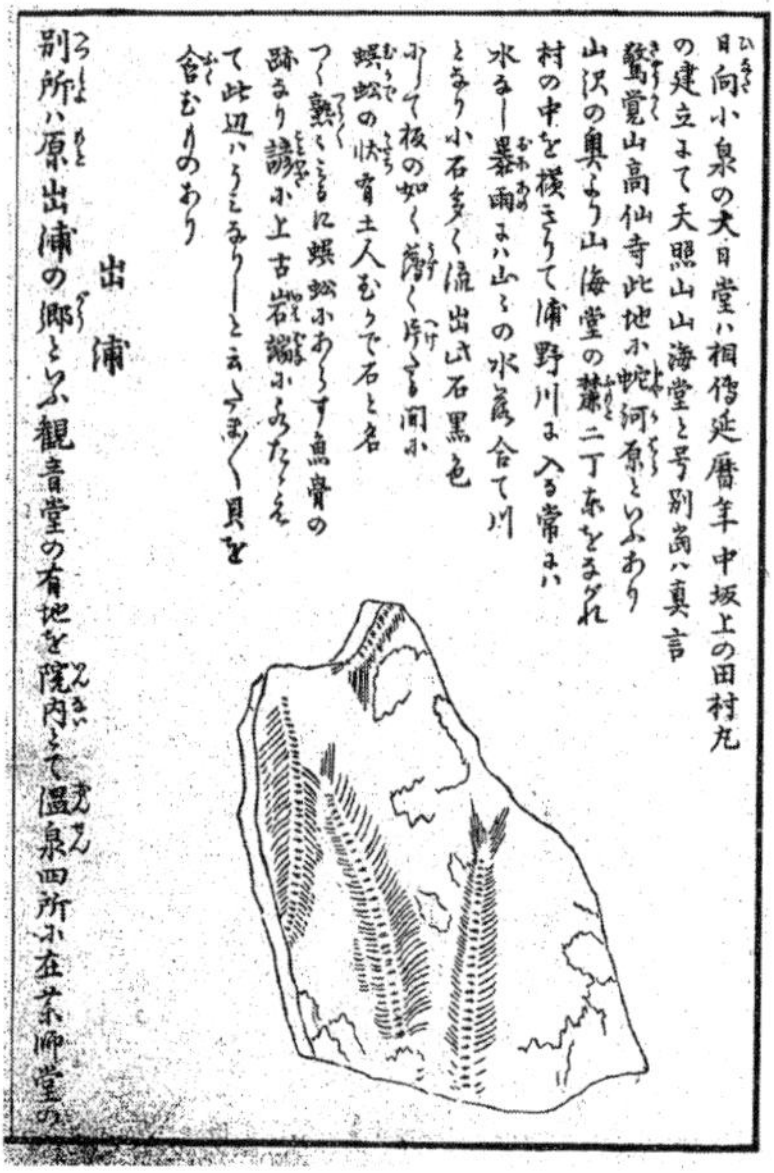

図20　「魚骨石」の記述と挿絵

イルカの化石が展示されている。この地は昔から化石が産出していたことで知られ、記載された魚骨石に関しても長い間「ムカデ石」と言われていたとある。『奇勝録』に採録する際に詳細に調べた結果、ムカデではなく魚の骨であった、というのがこの報告内容になっている。

日向小泉の大日堂は相伝延暦年中坂上の田村丸の建立にて天照山山海堂と号す。別当は真言鷲覚山高仙寺。この地に蛇河原というあり。山沢の奥より山海堂のふもと二丁あまりをながれ村の中を横切りて浦野川に入る。常には水なし。暴雨《おおあめ》には山々の水落ち合いて川となり、小石おおく流出づ。この石黒色にして板のごとく薄く片《へけ》たる間にムカデの形あり。土人、むかで石と名づく。つらつら見るにムカデにあらず魚骨の跡なり。ことわざに、上古、岩端に水たたえてこの辺りは海なりしという。たまたま貝を含むものあり。

「河原で化石が出ました」という報告だ。

これにはさすがになんのエンターテイメント性もなく、困ったものである。地質ファンはもしかしたら「石黒色にして板のごとく薄くかけたる」のくだりを読んで「これは頁岩《けつがん》だ！」と心躍らせるかもしれない。

私がほんの少しおもしろかったのは文末にある「ことわざに、上古、岩端に水たたえてこの辺りは海なりしという」のくだりであった。地質学が発達し、1000万年前の長野県は海だったことが知られている現在において、この一文をそのまま読むと、うっかり「江戸時代の人たちがダイナミックな地質変動を考えていた」と色めき立ってしまいそうである。

だが、気をつけなければいけないのは「海」の概念が現在と異なっている点である。おそらく湖を指していたのだろう。ではこのあたりに湖はあるのか、というと、上田市街の南部に広がる田園、塩田地域がかつて塩田海と呼ばれる湖だったそうで、この話と整合性がありそうだ。

いずれにしても、当時の人々の中に、地形が長い時間をかけて変化していくことに気づいている人物もいたことはたいへんに興味深い。

亀の甲羅に似た石

ついでにもう一つだけ石に触れさせてほしい。同じく巻之三に記された「亀石」である。こちらの舞台は小諸《こもろ》市だ。小諸市は上田市から少し東京寄りの、浅間山のふもとに位置する。この一帯は浅間山に由来する溶岩や火砕物が堆積している。浅間山の噴火活動が5万年前くらいから始まっていて、今もその活動は続いている。

溶岩の地層から化石が出ることはない。『奇勝録』に記された「亀石」は、この火山堆積物の下か、溶岩が届いていないところの堆積層から産出したものだろうと考えられる。


小諸の東口の松の並木を、カラ松と名づく。その端に乙女川という小流あり。暴雨漫水の後、土石動きし迹に亀甲に似たる石出る。色黒赤にして両面に文《もん》（溝？）あり。長さ三寸五分（約10センチメートル）ばかり首尾四足なし。似像の物なり。今は希《まれ》に出る。文理（筋道）鮮やかなるは少し筋は低し。又更級《さらしな》郡青池よりも亀石を出す。これは筋高く背も高し。黒色にして一尺（約30センチメートル）ばかりなるを見る。石質同じからずここに図するは乙女川の石なり。（図21）

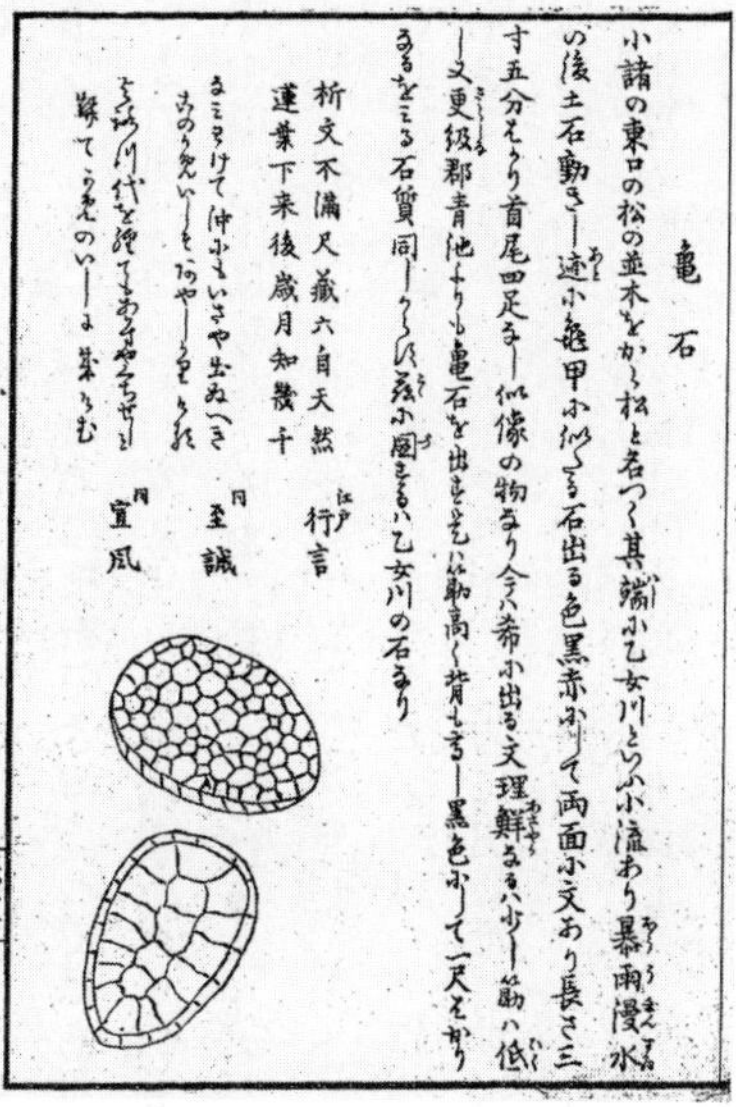
亀石

小諸の東口の松の並木をからまつと名つく其端に乙女川といふ小流あり暴雨漫水の後土石動きし迹《あと》に亀甲に似たる石出る色黒赤にして両面に文あり長さ三寸五分それ首尾四足なし似像の物なり今ハ希に出る文理鮮なるハ少し筋ハ低し又更級郡青池よりも亀石を出すこれハ筋高く背も高し黒色にして一尺ばかりなるを見る石質同しからず茲に図するハ乙女川の石なり

析文不満尺蔵六自天然　江戸 行言

蓮葉下来後歳月知幾千

三ノ十七

図21 「亀石」の記述と挿絵

『奇勝録』に描かれた絵は丸々きれいに残ったカメの甲羅であった。大きさが約10センチメートルと小型である。文中には「首尾四足なし」とあるが、もしかしたら甲羅の中に化石として残っているかもしれず、もし実物が現存するのであればCTスキャンして調べてみたくなるところだ。

ただし、2つある亀石の、上のほうはおそらく化石ではない。カメ類の甲羅模様とは異なっていて、クラックの走る堆積岩のかたまりのように見える。それはそれで、しっかりイラスト化してくれていたために推察できることではある。

この図について、カメ化石の権威であり、私も研究でお世話になっている早稲田大学の平山廉先生に尋ねてみた。長野県ではカメ化石は新第三紀（中新世から鮮新世、およそ2300万前年〜250万年前）の産出が報告されているそうだ。小諸市にその地層が広がっていれば、そこから産出したリクガメではないだろうか、とのことだった。

絵には描かれなかったが、さらに更級郡青池の亀石もあると書かれている。青池という地名は今の長野市篠ノ井にみられる。1561年、武田晴信・長尾景虎《かげとら》が激突した第四次川中島の戦いで、武田軍が最初に布陣した茶臼山にほど近い。

魚骨石や亀石がおもしろくないのはなぜか

ここまで魚骨石、亀石と見てきたところで、古生物学的には比較的重要な視点もあろうかと思うのだが、エンターテイメントとしてどうかというと、なかなかに厳しいものがあると言わざるを得ない。

その原因は、ひとつに不思議さがにじみ出てこないからかもしれない。サイズにせよ特徴にせよ、度を超えたスケールや信じられない姿を見せてくれなければ心に深く刺さらない。

カメ・魚においては好奇心を掻き立てられる要素が薄く、古い文献に妖怪探訪を求める方々にとっても、見たまま、現生生物の延長であるこれらの材料が魅力的に映らなかったかもしれない。だが、「いやいやカメはおもしろい」「魚はおもしろい」というご意見ごもっともで、私自身CGで絶滅動物の骨格模型を作っており（図12はそのひとつ）、そのうち原始的なカメ化石シリーズを作っているくらいに魅了されてはいる。なかなかに「おもしろい」を探すのも骨が折れる作業と言える。

よって、次は私にとっておもしろかった話をしよう。まあ、あくまで私にとっては、ではあるのだが。

ゾウではない？　一つ目髑髏

見ていくのは須坂市の「一つ目の髑髏《どくろ》」である。

須坂市街の東外れに、普願寺というお寺が今もある。周辺は宅地や田畑になっていて、舞台となったこの寺の近くの塚というのはもう探す当てもない。

須坂市は長野県の北、北信地域に位置している。北信といえば3~4万年前の石器とともに見つかる野尻湖のナウマンゾウ、それより古い鮮新世(400万年前くらい)の戸隠《とがくし》で見つかるシンシュウゾウといったゾウ化石がすぐさま思い浮かぶ。さらに前節の一つ目入道の話からこの須坂の一つ目の髑髏を扱おうとすると、まずは「ゾウの頭でも出てきたのかな」と思われるだろう。

私も初見では「まあゾウだったらおもしろいかな」程度に考えていた。しかしながら、ゾウとすると整合性の取れない部分も多々あり、それについて詳細に調べていくと、思わぬ発見があった。一つ目の大型の妖怪について、ここからは、おそらく誰も考えていなかった、新たな説を提案してみたい。

須坂の普願寺の近辺にひとつの塚あり。上にケヤキの朽ちたる株ありてその下を掘りたりしに、奇なる髑髏ひとつ出たり。両眼の痕《あと》はくぼく形ありて穴にあらず。その中に小さき穴あり。額は(涙滴)かくのごとくの穴一つあり。これ眼《まなこ》の跡なるべし。その尖りたる骨数々ありてサザエのごとし。数多の脚夫《にんぷ》怪物なりとて、打ち砕かんとせしを、寺僧みてこは鬼類《おに》のこうべなるべしとて箱に収めて庫中に秘したやすく人に見せず。

文化十二年五月、その地に遊び田中氏のもとにて密かに見たり。上顎のあたり鋒骨ぞくぞくとしていともあやしきものなり。もしかかるものの生きて出ることあらば、いかなる禍《わざわい》をかなすべき。

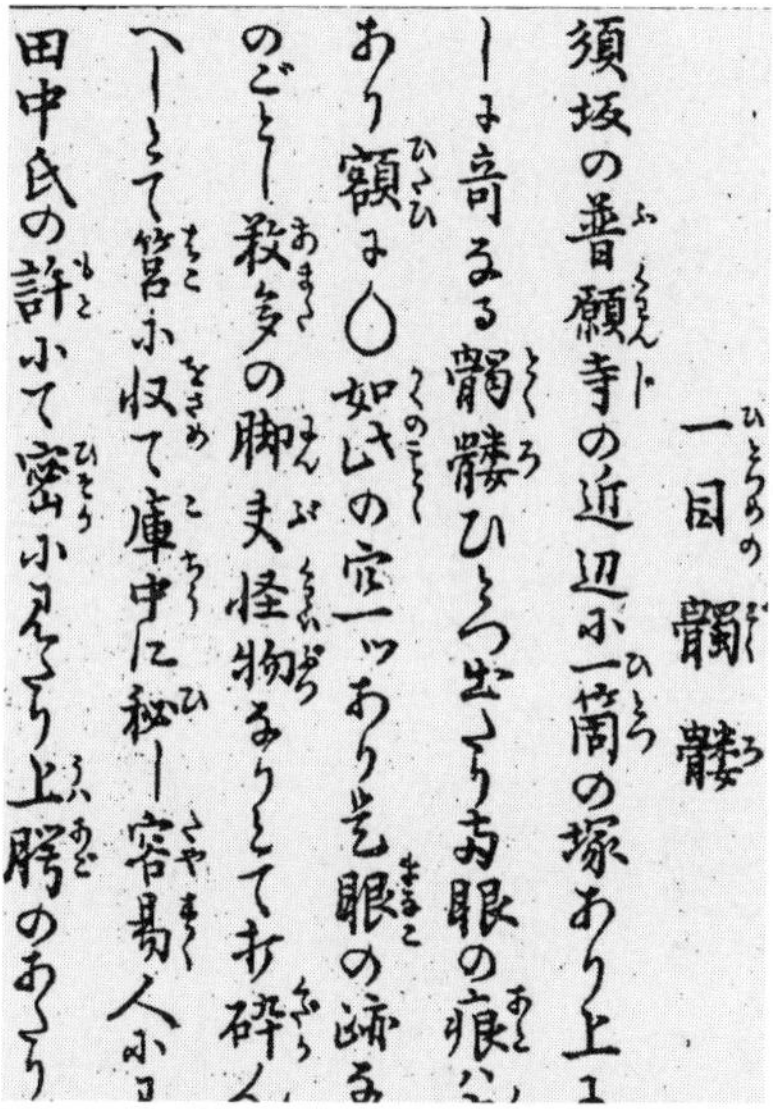
一目《ひとつめの》髑《どく》髏《ろ》
須坂の普《ふ》願《ぐゑん》寺の近辺に一箇《ひとつ》の塚あり上
しに奇なる髑《どく》髏《ろ》ひとつ出たり両眼の痕《あと》に
あり額《ひたひ》に○如きの穴一ッあり是眼《まなこ》の跡な
のごとし数多《あまた》の脚夫《にんぶ》怪物なりとて打砕く
へしとて箱《はこ》に収《をさめ》て庫中に秘し容易《たやすく》人に
田中氏の許《もと》にて密《ひそか》にみたり上腭《うハあご》のあたり

図22　3行目「額は……」の後に涙滴の形が見られる

『奇勝録』の描写は、少しばかり特異であった。図22に示された「眼《まなこ》の跡」を見ていただきたい。3行目である。

一見するとただの丸に見えるかもしれない。だが私は、これがまずに気になった。というのも、涙滴形なのである。ふつう、鼻腔、つまり鼻の穴の上部には鼻骨という骨がある。ゾウであっても、鼻骨が下に伸び、穴は凹状になっているため、上が尖る涙滴形にはならない。

この部分を考察するにあたって、いったんは「化石が破損していたのだろう」と思って棚上げにしていたのだが、この「眼窩」の特徴だけでなく、「サザエのような尖った骨があった」とか、「上顎あたりに鉾のような骨がぞくぞくと生えている」といったくだりがまったくゾウらしくない。このあたりは歯の描写であるはずなのだがと、しばらく頭をひねり続けた。ゾウの臼歯は尖っておらず、また生えている数も少ない。切歯＝ゾウの牙や、あるいはゾウの牙のあった穴（歯槽《しそう》）が記載されていれば判別しやすいが、それらがあるわけでもない。たくさんの歯が生えているのである。

そこで改めて額の中央に穴のある動物というのを古今東西で一通り検証してみた。

その結果、ゾウ以外に顔面の前方に大きな穴が開いていて、それなりに大型の動物となると、イルカを含むクジラ類やカイギュウ類などの水棲《すいせい》哺乳類に思い至った（海棲と言わないのはカワイルカやマナティーなどがいるため）。

彼らは水中に適応した哺乳類で、鼻が水面に近い上部に位置している。また眼窩は相対的に小さく、骨になると一見したところ見つけにくい。たしかに長野県はゾウ化石王国のみならず、それよりもう少し古い１０００万年〜４００万年くらい前の海だった時期に、たくさんの海棲生物の化石が産出していて、海獣化石王国でもあるのだ。四賀村（現在の松本市）から産出するシガマッコウクジラ化石は国内でもトップクラスの保存状態であり、魚骨石を産出した上田市の高仙寺はシナノイルカの産地として有名だ。

そのなかでも、イルカのようなハクジラ類は、「サザエのような骨＝歯？」という記載との整合性が見られる。

あらためてこう見ると、全国各地の一つ目の入道系の妖怪の由来となるようなきっかけには、ゾウ化石のみならず、クジラ類化石（特にイルカなどのハクジラ）も影響しているのではないかと感じられる。

「一本足」の正体

そこでもう一歩踏み込んだ考察をしてみたい。

一つ目の妖怪は、一本足という特徴を伴っていることも多い。この一つ目と一本足のセットについて科学的立場から合理的に説明できないものかと、『奇勝録』の件とは別に、ずいぶん前から考えていた。

いわゆる一つ目・一本足の妖怪を、例えば先にも引用した『47都道府県妖怪伝承百科』

で調べると、静岡県、滋賀県、奈良県、和歌山県に見られた。そのうち、奈良県と和歌山県は一本だたらとしての伝承がある。姿が描写されているものもいれば、雪の中の足あとのみによって報告されている場合もある。似たような話は日本各地に広がっている。

この一本だたらは一般に、たたら製鉄との関連性が指摘されている。たたら製鉄の跡地で伝承されていることが多いことに加え、たたらの火の粉で片目が傷つくこと、たたらを踏む職業病で片足が萎えることから、このような外見的特徴を持つに至ったというものだ。

最近まで、私はこの妖怪もゾウで説明できないものかと考えていたが、「一本足」の解釈がままならず、スッキリしなかった。そこにきて、この『奇勝録』の一つ目髑髏をクジラと考えたときに、同時にこの一本足についてもハクジラ説で説明できそうだと思った。

つまり、一本足は、足ではなく尾椎《びつい》を指している、というのが私の見立てだ。目（鼻腔）の特徴と合わせ、一つ目一本足の妖怪について、ハクジラ化石をもとにしているのでは、という仮説を提案したい。

イルカを含むクジラ類化石は日本列島の各地で見つかっていて、山奥の沢を入れば落ちている。道や田を拓いても出てくる。図23にあるように、試みに2つの論文を合算しただけで、それこそ全国各地にプロットされてしまう。ここから一本足の怪物との関係性を見

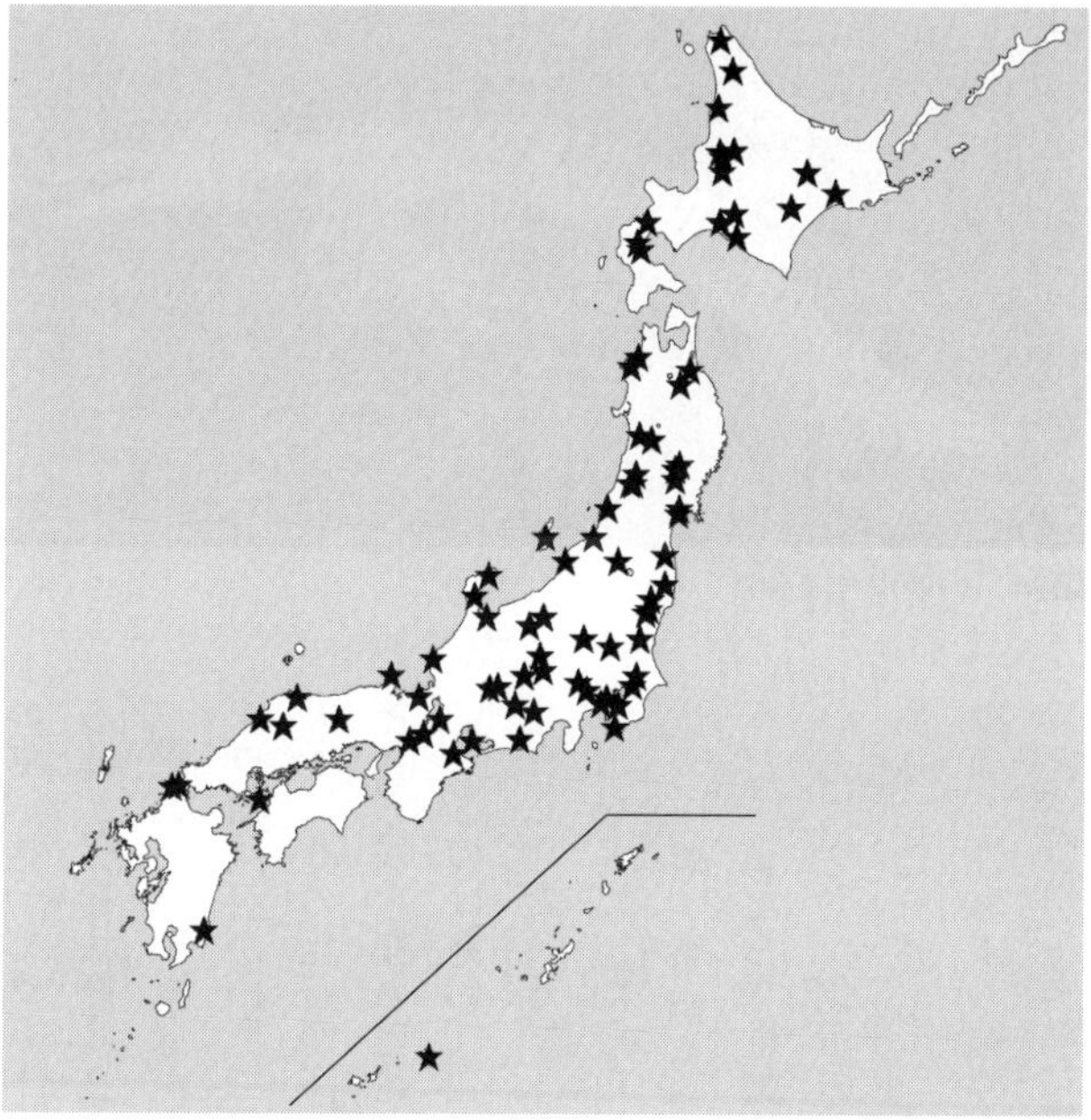
図23　クジラ化石分布図

いだすのは無理だなと感じるくらいに多い。クジラやイルカ化石がこれだけ見つかっている理由としては、かつて陸地に海が侵入していたこと、大きくて目立つ（見逃されない）こと、骨ががっしりしていて化石になりやすいことなどが挙げられる。
　実際に私は東北のある地域に予備調査に行ったとき、田んぼの脇の崖に、クジラの脊椎骨が張りついていたのを見たことがある。沢にはいくつかの遊離した脊椎骨が落ちて

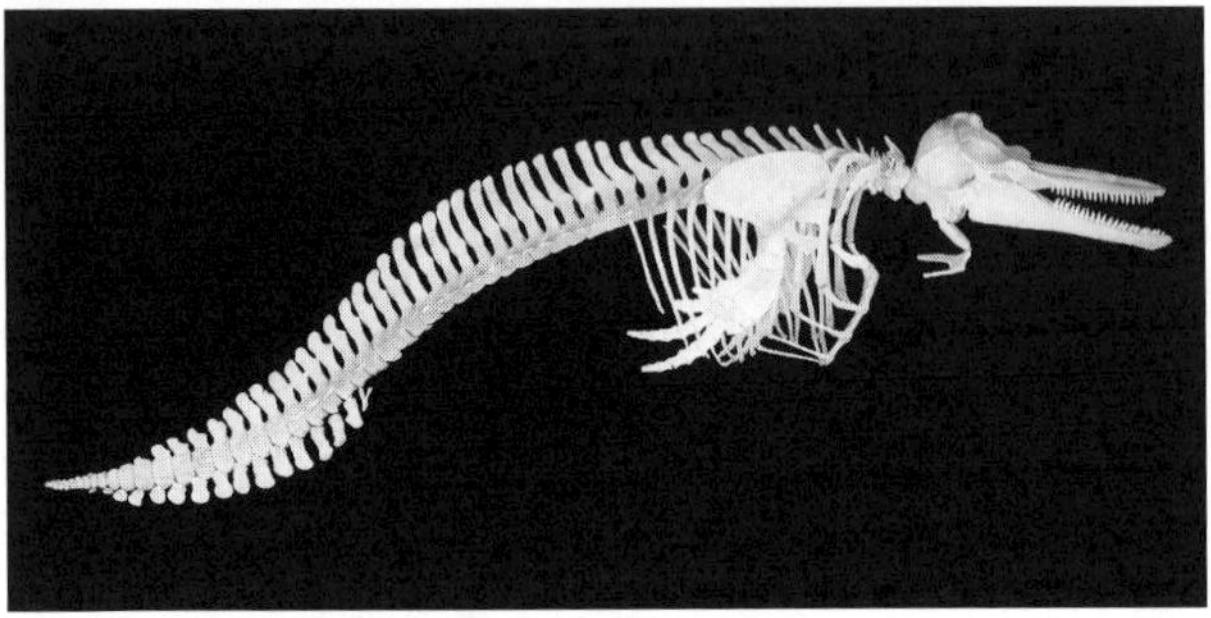

図24　イルカの全身骨格

いて、拾ってクリーニングをすれば完全な骨が取り出せるほど保存状態は良かった。

　化石という概念がまだないころ、まるまる一体分のクジラ類化石が山奥で出てきたとして、クジラを知らない人々にその化石が海棲動物と思えるかは難しく、また骨として残らない尾鰭《おひれ》があったことを思い描くことも難しい。このばあい、並べられた尾椎は一本の足に見えてしまうことだろう。

　ちなみに、たたら製鉄の跡地というと、中国山地の三次《みよし》・庄原《しょうばら》一帯がもっとも古い遺構として有名なのだそうだ。私たち脊椎動物の化石を扱う者としては、庄原といえばクジラ化石の一大産地としてのほうが有名なのである。[*23] こうなると、たたらではなくクジラ、という信ぴょう性もより強くなるだろう。

　と、確信に迫れた感触を得たのだが、喜びもむなしく、この話は確定的ではなくなった。大阪市立自然史博物館のクジラ化石の研究者、田中嘉寛さんに尋ねたところ、「庄原はヒゲクジラばかりなんですよ」との解答が返ってきた。ヒゲクジラだと、大きく目立つ左右の側頭窩が眼窩に見えなくもなく、鼻腔より目立っている。この特徴からヒゲクジラの頭骨の形態を一つ目と見紛うことは難しく、三次盆地とクジラ、いっぽんだたらをきれいに結びつけることはできなかった。

このように、とどめの補強材料は空振りに終わってしまったのだが、とはいうものの、一つ目・一本足の妖怪がハクジラやイルカ化石ではないか、という説は、我ながらわりといい線をいっていると思うのだが、いかがだろうか。

さらにもう一押し、ということで、例えば和歌山県田辺市の伝承にある「底主人《ソコオズ》」のような、下半身がヘビの巨人も、尾骨の特徴としてクジラ類のような水棲の哺乳類が想起される内容であることも付記しておきたい。雷獣のバリエーションの一種である因幡国《いなば》（鳥取県の東半分）のそれは、大型で足がなく、尻尾のみの姿で、大きさは8尺（約2メートル半）、図24を見る限り、これももしかしたらイルカの骨格を参考にしている可能性もある

*23　妖怪好きにはヒバゴンの目撃地としてのほうが有名だろうか。

かのように見えてくる。

水中に生きる妖怪「野茂利」

水棲生物について触れたので、水棲の異獣についても取り上げてみよう。『奇勝録』には、せいぜい田畑を荒らすくらいで、ヒトを襲う異獣・妖怪というのはあまり出てこない。だが巻之五には「野茂利」という水中に生きる異獣が出てきて、例外的にヒトを襲っている。記述を見てみよう。

宝暦の初め、中之条村の吉左衛門という者、夏のころ千曲川の辺りなる支流をこえるときに、たちまち物あり。水中より出て矢のごとくに飛び来《きた》り的然として両脚に纏《まと》い翻《ひるがえ》って頭を挙げ、口を張り目をいからし、まさに喉をかまんとす。吉左衛門急にその両耳を捕えて呼び叫ぶ。その辺りにて草を切る男子鎌をさげ馳《は》せ来るといえども怖れて近づくことを得ず。吉左衛門その鎌を借りければ振り上げて投げたり。走りて鎌を取らんとすれども行くことあたわず。ここに一つの柳株あり。地を擢《ぬきんず》ること一尺ばかり。その利《と》きことあたかも鋒刃《やいば》の如し。すなわちその頭を切株に貫かんとして従容として時をうつし漸《ようや》くにこれを貫き解却《けきゃく》して逃れ去る。その長さ五尺ばかり背は鉄黒にして腹は朱の如し。四足ありて龍盤魚《イモリ》に似たり。この物臭気甚だしく吉左衛門の身に移れる臭気年を経ても失せざりしとなん。

野茂利は長さが1・5メートルと比較的大型で、俊敏な動きでヒトに嚙みついてくるという。イモリに似た四足動物ということで、すぐさまオオサンショウウオが思い浮かぶ。腹側が朱色、臭気があるという点でケガを負っていたのかもしれない。また、オスは縄張り意識が強く、襲われたのは、人がうっかり縄張りに入ってしまったからだろう。オオサンショウウオは現在では西日本のごく限られた地域に分布しているが、江戸時代には東北地域でも珍しくはなかった。

ヤツガシラに似た異鳥

水のものとくれば、次は空のものだろう。

「異鳥」と聞くと、渡り鳥がはぐれて迷鳥になったものあたりが候補にあがる。『奇勝録』に記されている異鳥は挿絵や記載の特徴から、私にはヤツガシラに思えたのだが、本文ではヤツガシラとは異なると書かれている。鳥類は全く門外であるが、少し検討してみたい。

文化十二年二月上旬青嶋という所（注：現在の松本市島内の青島か）にて雪の多くふりたりし日、雪をかきてはごを（はごというは竹を細くわりてとりもちをぬりたるもの也）設《かけ》て鳥をとらんとて置きしにこの異鳥そのはごにかかりて取りたり。奇観鳥《めづらしき》なりとて松本へ持ち出しかばある人其状《かたち》の奇なるを愛でて養《か》い置きしに何までも餌《え》を食さりしゆえに三月ばかりは生たりしかと次第に弱りて終に死したり。その異鳥大きさ白頭公《ひよどり》より少し大にて頭の上に勝《かざし》あり。長き羽十六七枚みな常の毛とは違いて雀などの尾の如く黒き斑《まだら》三段あり。長さ二寸ばかり両端は短く中の羽は長し。総身のいろはうす茶色に少し赤色を帯びて十二紅《れんじゃく》のいろの如し。觜《くちばし》は鷸《しぎ》の如くにて細く下へ曲り長さ二寸五分ばかり。舌は至って小にて二三分ばかり。腹は淡《うす》白く黒き斑文あり、羽と尾は黒色にして翅《かざきり》は中間に一道《ひとすぢ》様に通りて白く羽は四道様に通りて白く尾は中間一通白くひらけば一文字の如し。足は白頭公《ひよどり》の如く長さ一寸五分ばかり。この鳥名を知る人なし。故に米関に鑑定を乞《こい》しにこの鳥は水鳥にて鴫《しぎ》の類かと見ゆれども、足短ければ水鳥にはあらず。深山幽谷などの原鳥にして虫餌《むしえ》を食う鳥なるべし。頭の上に勝《かざし》あるゆえに載勝《やつがしら》の類にはあれども載勝は勝の形もこれと異なりまたその鳥も載勝は鸚鵡《おうむ》などの類なればこれとは大きに違えり。漢名も和名も知らずといえり。またこの鳥旧年も青嶋にてとりし事あり。外の所には居る事なし。青嶋にのみ居る事稀にあり。ゆえに俗に青嶋鳥と名つくという。

文中からこの異鳥の特徴を挙げていこう。

図25　『奇勝録』に描かれた異鳥

まずサイズはヒヨドリより少し大きいくらいという。30センチメートルくらいである。頭に大きな冠羽があり、長い羽が16、7枚ある。全身は赤みを帯びた茶色で、くちばしは細長く下に曲がっている。腹は薄い白色で斑があり、羽と尾は黒と白のすじ模様であるとのこと。挿絵に描かれているとおりだ（図25）。

図26　ヤツガシラ

この異鳥を当時、「猿手狸」のところでも出てきた本草学者の米関に鑑定を依頼したところ、ヤツガシラのたぐいではあるが、それとは異なる、と結論づけたようだ。そして中国大陸でも日本国内でも見たことがないということで、地名をとって「青嶋鳥」と名づけた。

だが、ヤツガシラの特徴は、おおむねこの記載に一致する。サイズはヒヨドリ大、黄褐色の体毛に白黒の翼、頭の冠羽やくちばしの形もそっくりである。

ヤツガシラはユーラシア大陸とアフリカの熱帯から温帯に非常に広く分布する鳥で、日本では稀に旅鳥として春秋に渡来する。稀に越冬する例もあるという。『奇勝録』では雪の中で捕らえられたとあった。日本野鳥の会ホームページの撮影地情報によると、北海道から沖縄まで、全国で目撃されている鳥のようだ。

『奇勝録』では頭の冠羽の形がヤツガシラではないと述べているが、門外の私が調べた限りでは、ヤツガシラ以外に該当する種がない。

誤認の原因として考えられるのは、季節的に珍しかったことや、ヤツガシラの冠は普段閉じていて、時折冠羽を広げ、図に残された形と同様になるため、この冠羽の開閉が本草学にはじゅうぶん記録されておらず、別種とみられたのではないかというところである。

「石羊」という謎の存在

最後にもう一種、『奇勝録』中で、まったく正体のつかめない異獣について述べてみたい。その名は「石羊」である。「いしひつじ」と読むのか「せきよう」と読むのか、定かではない。

石羊は、チベットに棲むウシ科のバーラル（中国では岩羊）の別称として書物に記されていることがある。岩羊はその名の通り、高原地帯の岩場に棲んでいる。また、李氏朝鮮時代の王陵の守護に用いられていた動物の石像の中にも「石羊」がいる。『奇勝録』の記載を見る限りでは、岩場に棲んでいることから中国の石羊（＝岩羊）と対比させてついた名前なのだろう。全体としてよくわからない生き物とされていながらも、個々の特徴はしっかり描写されているので、ここからこの石羊の正体を探っていきたい。

矢ヶ崎村（現在の茅野市）の北に、永明寺山とて高くそばだちたる松山あり。この山南面の中腹に谷ありて大なる岩石数百累々《るいるい》たり。その石間に洞をなし、穴をなす所多し。その下、滴水小流をなす。この内に異獣ありて住めり。大きさシカのごとく、毛色もまたシカのごとし。中に黒白の斑《まだら》あり。頭は小さし。総身毛長く垂れて四足を隠す。常に出ること稀なり。炎夏暴雨の後は出てミミズを掘るがごとし。村里近しといえども見る者少なし。たまたま見し者、名づけて石羊という。また毛長貉《むじな》、被り貉などと名づく。群れをなすといえども、その数二十あまりに過ぎずといえり。

その里の医人、河合正阿《かわいせいあ》父子伴いてショウロ（注：地中に生えるキノコの一種）を掘りに行き三十間ばかりを隔てて見たるよし。

この図、正阿が見しという形をもってここに写す。

石羊という名とともに、文中には「毛長貉」や「被り貉」と、ムジナとする別名も書かれている。私は、観察された特徴をひとつひとつ考慮すると、この別名のほうが正確ではないかとみている（図27）。石羊とは、おそらくムジナ——すなわち、アナグマなのであろう。ただし、私たちの知っている現生のアナグマではない。

図27 『奇勝録』中の石羊

まず特徴を見てみよう。ここに記載されたものとして、サイズがシカくらい、体毛はやはりシカと同じ毛色で白黒の斑があり、長さは足まで伸びている。これらはもちろん現生のアナグマと全く異なる外見だ。まず見間違えるはずのない肩高がかなり高いことに加え、毛の長さが国内の哺乳類と比較して圧倒的に長い。まるで高山や高緯度地域にいる哺乳類のようだ。

外見は明らかに特殊であるものの、生態の特徴はさして珍しい部分もなく、アナグマを想起させるものが多い。岩々の間を流れる小川のほとりで20体ほどの集団生活をしているとある。代々定住しているためか、同じ谷で見かけるのだろう。ミミズを掘っているようなしぐさが観察されている点を見ると、ミミズなどを食べる雑食性の哺乳類は、食肉類以外ではモグラのようなトガリネズミ目[*24]やげっ歯類くらいのものになる。

こうなると、現生種のアナグマではない、私たちの知らない大きなアナグマがつい最近まで日本列島にいたのではないか、という視点が生まれてくる。大型レッサーパンダ同様の「レフュージア」の依存種の可能性である。偶然かもしれないが、長い体毛は氷河期を生き延びてきたにふさわしい特徴のようにも見えてしまう。からかい半分で描いたとするのであればわりと出来がよく、石羊は私にとって非常に好奇心をくすぐられる存在となっているのである。

この石羊が目撃された茅野《ちの》市の永明寺山は今では公園となっており、生息地とされた山の南面もどうやら残っているようである。中腹の巨石群のある場所も探せば、ひょっとしたら石羊の骨が見つかるかもしれない。

ちなみにこの石羊を、古生物学者が集まるセミナーで話題として提供したことがある。その際、出席者それぞれが全く異なる発想でこの正体を暴こうと試み、活発な意見交換がなされた。

曰く、アフガンハウンドみたいなイヌではないか。
曰く、ジャコウウシに似ている。
曰く、地面を掘る仕草は、塩を舐めているのではないだろうか。
など、講演時間が過ぎても議論が続いた。

先述の長野市茶臼山動物園の田村直也さん、高田孝慈さんにもこの石羊の正体について聞いてみた。お二人の考えとしては「羊でいいのでは」とのことであった。ヒツジの原種に近いスパニッシュチュロは直毛で足元まで伸びる種で、『奇勝録』の挿絵によく似ている。ただ、ツノの描写が抜けていることが、言い切れる材料ではないということだ。猿手狸同様に、人為的移入の場合はそういった記録が出てくることが望まれる。

私としては現状、野生の生物として考えた場合の「未知のアナグマ説」を推しておきたい。ともあれ、石羊は、与えられた情報と挿絵に、適度に想像の余地がある点がよい。私は妖怪古生物学を異分野の専門家たちを巻き込んでまさにこのような議論を生む「場」とし

＊24　少し前まで「食虫目」と呼ばれていた分類群だが、ローラシア獣類とアフリカ獣類が混在していたため現在はふたつの目に分かれている。分類をするうえで「食虫目」はもう使われていない。20世紀から21世紀に代わる頃に、現生哺乳類の分類は目レベルでも見直しされている。これは分子生物学の進展によるものである。

たいと願っており、その大きな手ごたえを感じた「石羊」は、これまで決して有名な異獣ではなかったが、妖怪古生物学の象徴ともなるべき種として、今後さらに注目されていくことを願っている。

イタチ科は50種類以上もいる

さて、私が「石羊―未知のアナグマ説」を語る背景として、アナグマ類の上位分類群であるイタチ科のことや、日本を中心として化石種について語っておいたほうがいいだろう。少し時間をいただきたい。

哺乳類の中で、イヌやネコを含む肉食動物（食肉目）は、現生種で250種以上いる。私たちにとっても食肉目は身近な生き物で、いっしょに住んでいる方も多いことだろう。話しかけると「ワン」とか「ニャア」とか返事をしてくれ、異種間でも音声コミュニケーションをとることができるもののいる、珍しいグループだ。

およそ250種いる食肉目のうち、イタチ科は50種類以上もいる。彼らの祖先は漸新世（だいたい3000万年前）に出現して以降、オーストラリアと南極を除く各地で繁栄してきている。おおざっぱに現生種は亜科レベルでイタチ、アナグマ、アメリカアナグマ、カワウソ、ミツアナグマ（ラーテル）に分かれる。

かつてはここにスカンクも亜科として入っていたが、分子生物学の研究が進んで、スカンク科という独立した分類群として認識されている。ちなみにスカンクは、長らく南北アメリカ大陸に固有の生き物と考えられてきたが、こちらも研究成果によって東南アジアの島々に生息するスカンクアナグマがスカンク科に加わっている（したがって、和名はアナグマスカンクのほうがより適切であるように思う）。

ほかにも亜科レベルではイタチ亜科とカワウソ亜科の2つに大別するくらいでいい、という説や、イタチ類の中でもテンは異なる（側系統）という説があるなど、議論の尽きない分類群である。化石種も豊富で、寒冷期につながった大陸間を獲物を追いかけて縦横無尽に行き来していたようである。個人的にはここ10年くらいか、ラーテルやクズリといった大型のイタチ類が世間で人気を博していることをうれしく思っている次第である。

さて、現生の分類も難しいなか、アミノ酸や遺伝子が失われてしまう化石の分野では、分子を用いることもできず、骨や歯の「かたち」を観察する伝統的な形態学的分類に頼らざるを得ない。化石を含めたイタチ類の研究は、大まかに全体像をつかむところですら、研究者間の統一的な体系が作られていない。

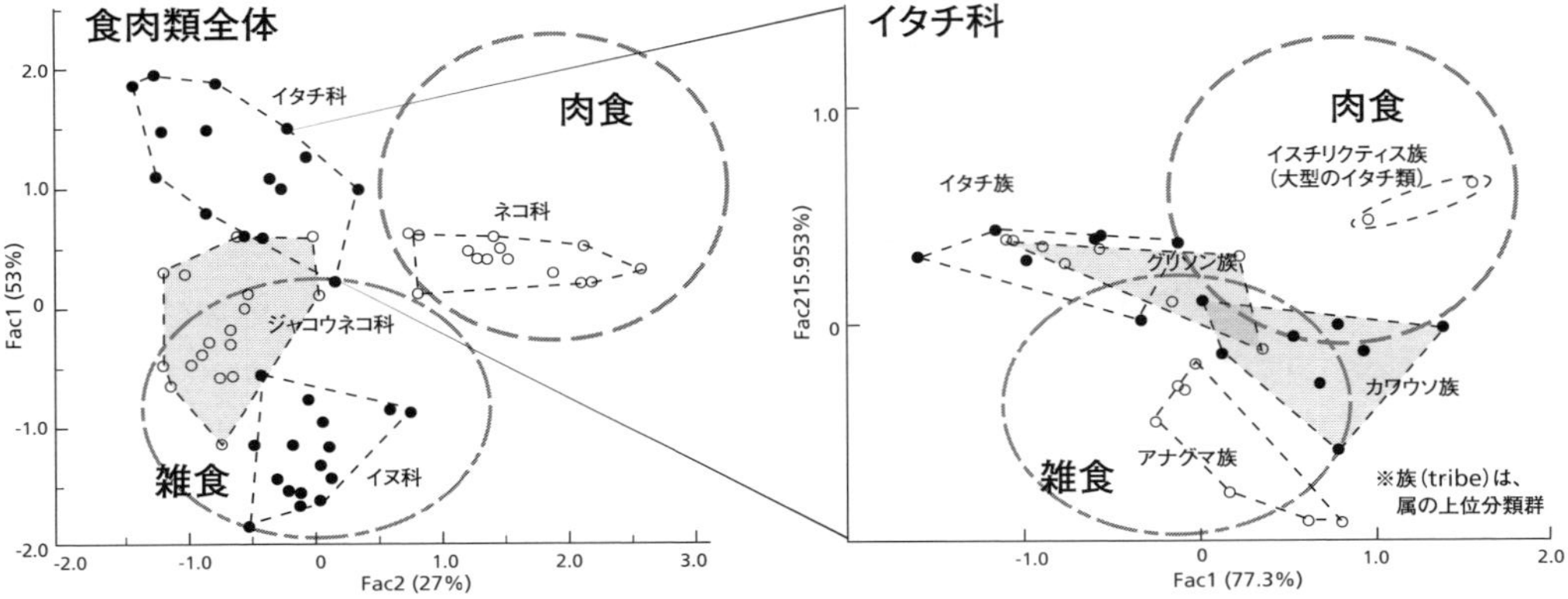

図28　食肉類フラクタル　イタチ科内でも肉食から雑食まで非常に多様なため、食肉類全体と似た分布を示す。

この難しさの原因としては、種数が多いことに加え、イタチ科がさまざまな環境に適応してしまっている点も挙げられるだろう。ラッコもカワウソもイタチ科で、水生適応している。肉食に偏った種もいればアナグマのような雑食もいる。この多様性を、科のひとつ上の「目」つまり食肉目と比べてみても、フラクタル（自己相似的）な関係にあると言える。図28の左右を比較してみると、左図、食肉目中のネコ科がプロットされている領域には、右図だとラーテルやクズリのように肉食傾向の強い種がプロットされている。同じく雑食傾向のみられるイヌ科にあたるのがアナグマたち、という関係になっている。食肉目の中の入れ子構造的な多様性を示しているのだ。

アナグマ亜科と小さなトラブル

日本でアナグマというと、これは本州・四国・九州に分布する「ニホンアナグマ（学名*Meles anakuma*）」を指している。

また、いわゆるヨーロッパアナグマ（*Meles meles*）はユーラシア大陸全域におり、長らく一種と考えられてきたものだが、これをヨーロッパアナグマ・アジアアナグマ・ニホンアナグマの3種に分ける、という説が出ている。他の説としては、ニホンアナグマはヨーロッパアナグマの亜種だと考える人もいる。これに別属の東南アジアのブタバナアナグマ（*Arctonyx*）を加えて、アナグマ亜科が構成されている。[*25]

化石記録では、最古の記録としては中国大陸の中新世後期（だいたい700万年前）の地層から見つかっているメロドン（*Melodon*）やパラタクソイディア（*Parataxidea*）にいきつく。20世紀初頭、スウェーデンのツダンスキーによる記載である。ここ以降、ユーラシア全域に分布を広げ、ヨーロッパやアジアを中心に多くの種類が見つかっている。

ニホンアナグマを含むユーラシアのアナグマの仲間は、森林に住んでおり、名前の通り巣穴を掘って集団で生活している。夜行性で、小型の哺乳類や鳥、昆虫から、果実やキノコなど幅広く食べる典型的な雑食である。

日本産ではニホンアナグマのほかに、化石種としてクズウアナグマ（*Meles leucurus kuzuuensis*）、ムカシアナグマ（*Meles mukasianakuma*）が戦後に鹿間時夫《しかまときお》によって提唱されている。いずれも栃木県の葛生《くずう》（現在は佐野市）にあった岩山の割れ目（裂罅《れっか》）に充塡されていた堆積物から見つかっている。クズウアナグマに関しては、おびただしい量の歯の化石が東北大学に収蔵されている。いっぽう、ムカシアナグマの標本はひとつしかなく、もしかしたら奇形などのイレギュラーな個体かもしれない。とはいえＰＤＦどころかパソコンが普及するはるか以前に書かれたものなので、一般にはあまり認知されていない。

アナグマの仲間は、化石種を含めてひととおり俯瞰してみると、大きさがあまり変わらずに70センチメートル前後くらいである。穴を掘るサイズとして適切なのかもしれない。

私もアナグマは地質時代を通じて安定した形態学的特徴を持っていると思っていたが、ロシア・ポーランドチームによって2013年にフェリネストリクス（*Ferinestrix*）という巨大なアナグマがシベリアから報告された。

余談になるが、私は日本・ロシアチームで大型レッサーパンダを研究している際にこの存在も知っており、このフェリネストリクスの新種も大発見なので、レッサーパンダと並行して論文執筆をしていた。しかしながら、私たちの研究プロジェクト以前にロシア・ポーランドチームが研究を進めていたということを後に知り、研究を棚上げしたいきさつがある。

＊25　アナグマの英語はbadgerなのだが、アメリカに生息するアメリカアナグマ（American badger）は、ユーラシアのアナグマとは系統的にかなり離れており、亜科レベルで異なる。外見や生態は似ているといえば似ているので、近年まで混同していたのも無理はない。ちなみに犬種のダックスフントはアナグマ狩り用に品種改良されている。ドイツ語で「アナグマ犬」の意で、アナグマの巣穴に潜りやすいよう、足が短くなっている。

２０１３年に、シベリア産の新種のフェリネストリクスとして発表される以前、先行して彼らのチームが研究を進めていたことを知らない私は、別の日本・ロシアチームの一員としてこの種の存在をアメリカの古生物学会で発表した。２００７年のことだった。

そうしたところ、ロシア方面から怒り心頭のメールが突然届いて、「研究道徳に反する」「ヤメロヤメロ」的な圧を受けることとなった。博士号を取ったばかりの駆け出し研究者が、世界に冠たるロシア古生物学界の女帝に睨まれたのである。寝耳に水でもあり、今後、国際学会に投稿するすべての論文がリジェクトされるかもしれない、と恐れおののいた私は引き下がらざるを得なかった。まあ、そういうこともあるものである。

２０１３年論文の筆頭著者であるロシア・ポーランドチームのウォルサン先生は日本との共同研究も多く、私がワルシャワに滞在した際に、たいへんお世話になった方である。京都大学にも半年ほど研究に来訪されていた。先生の教え子には、私と同い年でネコ化石の研究をしていたエヴァという学生がいた。エヴァは、２００８年にがんで他界した。彼女は明言しなかったが、「病気なの」と、いわゆるチェルノブイリ・ネックレスを見せてもらったことがある。臥《ふ》せりがちで外に出ることができず、「セーラームーン」を観て育ってきたといい、いつか日本に来たらあちこち案内する約束をしていたのだが、残念なことに彼女との約束を実現することはできなかった。

話を戻すと、フェリネストリクスはたいへんに恐ろしい種であった。*Ferinestrix*という属自体は、１９７０年にビョルク先生によって北米の地層から報告されていたものである。ただ、下顎しか見つかっていなかったため、記載当時は大型のイタチ類であるクズリやラーテルの仲間だろうと考えられていた。

シベリアからはかなり保存のよい頭部と、無数の断片的な顎の骨や歯が見つかり、下顎の歯の特徴が似ていたことから、この北米で見つかったフェリネストリクスに近縁な新種とされた。

「恐ろしい」と評するのも、その学名に反映されている。言葉の由来はそれぞれferina=新鮮な肉、estrix=捕食者、となる。種名はそれぞれ北米種がrapax=猛烈な、シベリア種がvorax=獰猛な、となり、その小型のクマほどもある大きさもあいまって、イタチ科史上、最も恐ろしい種であったと断言してもよいだろう。

歯の形態的特徴を観察するとまぎれもなくアナグマの一種なのだが、その機能は骨まで嚙み砕くハイエナをほうふつとさせる、がっしりと強靱なかたちをしている。

加えて、シベリア種はさらなる恐怖をあおる化石産状を呈していた。シベリアでは、フエリネクトリクスは一か所から大量の個体が見つかっている。これは、群れを成して行動していたことを示唆している。ラーテルやクズリより二回りほど大きな獰猛なアナグマが、群れをなして襲いかかってくるのである。これは、ちょっと想像するだけでも非常におそろしい光景が浮かんでくる。

四　奇石考――『雲根志』『怪石志』を読む

これまで古文献に記された怪異について、古文献を科学書として読み解くことで考察を進めてきた。本書冒頭で私は「江戸時代くらいまでの怪異や妖怪といった事象は、今で言うサイエンスの、少なくとも代替になっていたのではないか」と記したが、その意味するところをいくつかの事例を通してご理解いただけたならばうれしい限りである。

現代科学は実証性を重んじる。当時の「科学」と西洋輸入の「サイエンス」に連続性はないが、当時の科学においても、わからないなりに真摯に目の前のものを描写するという姿勢は、現代の科学にも通じるものがある。

この第二部の最後に、当時の科学がどういうものであったかが垣間見える事例として、江戸時代に記された『雲根志』『怪石志』という2冊の「化石」について書かれた書物を紐解いていこう。これらは江戸時代の奇石コレクションの集大成的な記録と言えるもので、それをもとに、江戸時代の化石との向き合い方を見ていきたい。

木内石亭、11歳で石への愛を知る

『雲根志』『怪石志』は、「石」業界人ともなれば目を通している方は多い。化石好きクラスタよりもむしろ鉱物好きクラスタとの親和性が高いかもしれない。[*26]

『雲根志』の著者である木内石亭という人物は、奇石を求めて全国で蒐集活動を行い、物産会や奇石会と呼ばれる奇石のみによる展示会を開いて学問の交流の場を築いた。いまでいう学会活動のようなことをしていたと言える。石亭を中心とした石のコレクターは別名「弄石家《ろうせきか》」と呼ばれる。石亭は近江国生まれで、

「予、十一にして初めて奇石を愛す」

*26　国会図書館デジタルコレクションに収録されているため、誰でも内容を見ることができる。

と本人が語ったように、齢わずか十一歳で愛を知り、十代後半には江戸方面でも奇石蒐集家として名が届いていたという。テレビやインターネットどころか鉄道もない時代にあって、その行動力が十代ですでに並外れていたことが伺える。

長じて木内家の惣領として重大な過失を犯し、投獄されたときにさえも、石を心のよりどころとして過ごしていたという。

幕藩体制の殖産興業政策のもと、本草学をいわば実学の方向に持っていった末に生まれた「物産学」と、その振興策として生まれた「物産会」に、石亭は初期から参加している。しかし、大好きな石や奇石だけでなく、他の本草（植物など）もたくさんあったこともあり（まあ当然だと思う）、弄石家たちは「石」のみを出品する奇石会を作ってしまう。石亭はその指導的立場にあった。

彼のこのような情熱的な弄石事業の集大成的なものが『雲根志』である。

石以外のことを何とも思わないほど熱狂的な愛だったかもしれないが、彼の主催した奇石会は石の愛好だけでなく、客観的事実の蓄積に意を注ぎ、石の研究において多くの偉業を達成した。

現代科学的な実証性を重んじる向きを、日本で切り開いていたパイオニアの一人ということもできよう。

天狗の爪は何の化石？

『雲根志』は前編（1773年、全5巻）と後編（1779年、全4巻）、そして三編（1861年、全6巻）に分かれ、石亭の奇石愛の集大成とも言える書物である。

前編では、彼の所有する奇石の中から21種を選び「二十一種珍蔵品」を定めている。[*27]その中に、一点だけ化石が見られる。

それは天狗爪石である。石亭は前編と後編の間の1776年に『天狗爪石奇談』を書いており、21種の中でもこの天狗爪石にはことさら興味を持っていたと考えられる。

『雲根志』前編を読んでいると、他にも化石は見つけることができる。

第三巻に「変化の類」53種が収録され、化石が多数収録されている。とはいえ、ここには植物や貝、魚類の化石などがたしかに見られるものの、すべてが本物の化石というわけ

＊27　十二神将や武田二十四将、厳娜亜羅《ガンダーラ》十六僧など中学二年生くらいの思春期少年を的確に狙い撃つネーミングセンスは、ご覧の通り、時代を超越してカッコイイと思われている模様である。昔は元服もそのくらいの年齢だったので、その中二魂はたとえ歳を重ねたとしても消えるものではなさそうだ。

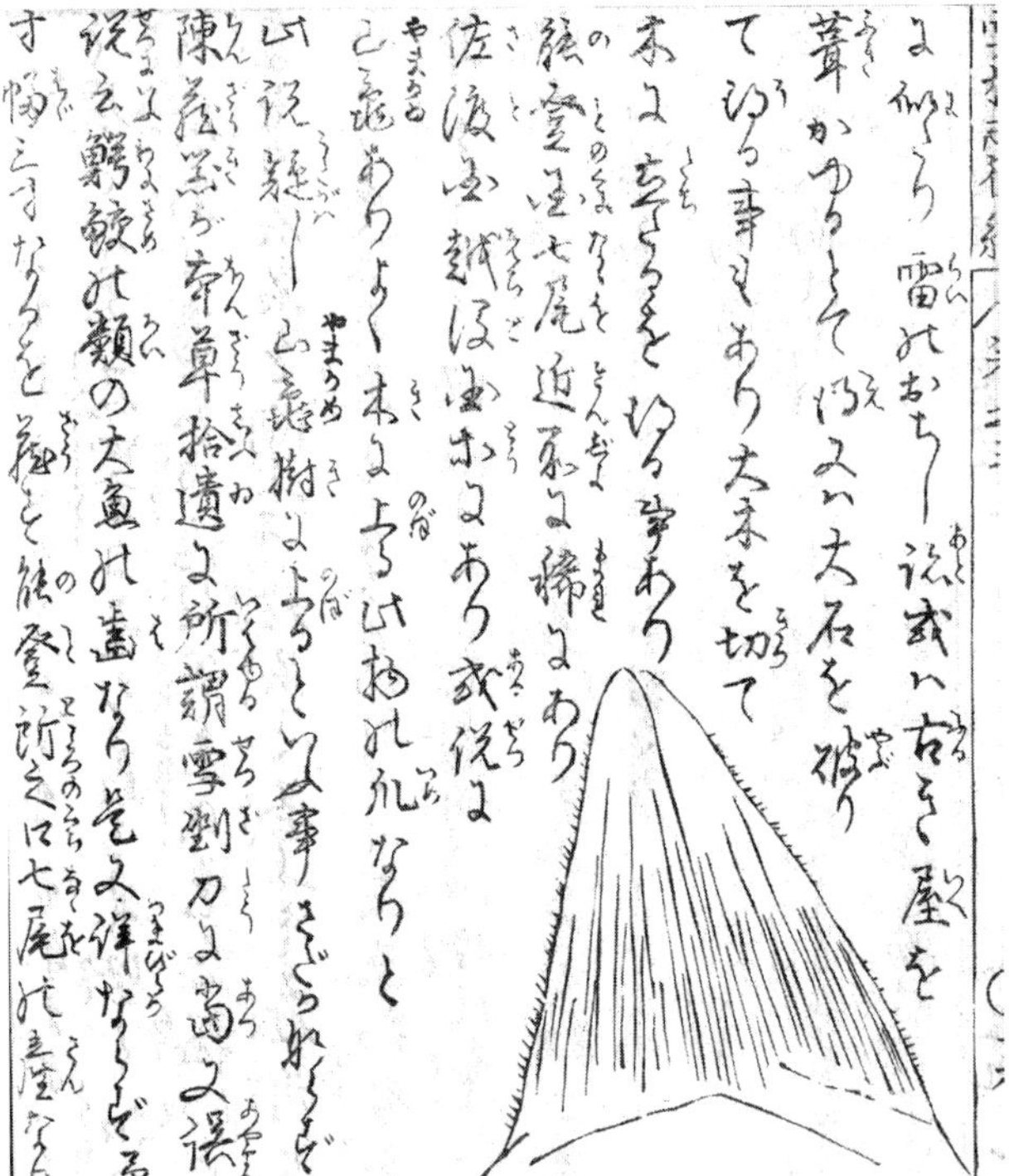

図29　『雲根志』後編巻之三項三二に記載された天狗爪石

ではなく、「単に形がそう見えるだけ」のものも多い。

後編巻之三の「像形類九十種」の中にも天狗爪石が記されている。能登や佐渡で多く見つかることなど、事実を丁寧に調べあげているだけでなく、

「又一説云ふ、鰐鮫《わにざめ》の類の大魚の歯なり」

と、爪と呼ばれたものの正体に届いてもいたようである。天狗爪石に関しては、本草学の大家、栗本丹洲《たんしゅう》も注目しており、石亭の没後に『天狗爪石拙攷《てんぐのつめいしせっこう》』[*28]を著している。

丹洲の著書では、冒頭見開きでサメの顎が丸ごと描かれており、天狗爪がサメの歯であることを明示している。結論としては、貝や魚、甲殻類などと同列のサメの化石であるとした。この時代には議論が収束していたと見てよいだろう。

第六巻にはほかにも亀石(像形類その三十一)、石亀石(像形類その三十二)が見られるが、私自身の知識ではどういうものかわからない。カメの化石はカメの専門家以外には興味を持たれないらしく、私は畑の違う哺乳類化石の研究者ではあるが、カメ化石方面もより盛

*28　1818年。栗本は医師・本草学者。多数の図譜を記す。

り上がってくれたらいいのに、と思っている。[29]
他に龍歯石（像形類その三十四）が挙げられる。歯であることは読み取れるが、サメか哺乳類か、残念ながらそのあたりもはっきりしない。ある人はゾウの歯だ、と同定しているということなので、そうなのかもしれない。石亭は時折、地に足の着いた記述から離れ、石に対する愛情が勝ってしまう状態で「形甚《はなは》だ美なり」だとか「甚だ奇怪」だとか、どうにも同定の糸口にならない文章を書いてしまっていることもあるので、実物を見ることができれば謎が解けるだろう。
『雲根志』の優れた点は、分類を系統だって作っているところである。もちろん現代的な分類とは異なるが、分類してまとめる事業がその分野の体系化には不可欠な要素であることに違いはない。間違っていれば後の世で直す、ということを繰り返して自然科学は発展してきており、いつの時代もその途上にあるということを忘れてはいけないのである。
もう一点、弄石家たちに愛された化石として外せないのが「月のおさがり」ではなかろうか。美濃国の月吉村（現在の岐阜県瑞浪市）でみつかる、たいへん美しい印象化石[30]である。これについては、次の『怪石志』の中で見ていこう。

月の落とした神秘のウンコ

『怪石志』は滕成裕（佐藤中陵）が記した書で、江戸時代後期において『雲根志』と並ぶ「石好きの古典」と呼んでよい書籍である。この中に記載されている奇石・怪石のうちに、同定が可能でありそうな化石や生物の骨がいくつか見つかった。

第一巻「龍歯石」は、『奇勝録』と同じ信州の北部から産出するものとして記録されている。大小があり、オランダ人が持ってきたものと同じだという。挿絵を見るとゾウの歯であった。長野県の県北であれば、ナウマンゾウやシンシュウゾウであろう。『怪石志』にも木内石亭の名が出てきており、『雲根志』にあった龍歯石もこれに類するものである可能性が高そうだ。

第二巻は冒頭から「化石」という言葉が出てくる。そのトップを飾るのが先に触れた、美濃国の日吉村・月吉村に伝わる「月糞」である。「夜空に浮かぶ月の落とした糞」という解釈だ。クソというのははばかられるということで、現地では上品に「月のおさがり（図

＊29　とはいえ、若手のカメ化石の研究者は近年増えている。甲羅が化石として残りやすく、研究対象となる材料は多いのだ。
＊30　生体が失われ、その輪郭のみが印象として残った化石。

図30　月のおさがり（左）と日のおさがり（右）（瑞浪市化石博物館蔵）

30)」と呼ぶ。
　これは、中新世の代表的な巻貝「ビカリア」の内部に、瑪瑙《めのう》やオパール、石英、方解石などが充填したものである。貝の部分が剥がれ落ちると、美しく螺旋を描く半透明の宝石が残される。これは化石そのものではなく、貝殻の内部の型をとった印象化石と呼ばれる類のものだ。

　ちなみにこれには白色系のものと赤色系のものがあり、白色系を「月のおさがり」、赤色系を「日のおさがり」と区別する。日のおさがりに関しても、やはり「お日さまのウンコ」である。おさがりに関しては、瑞浪市化石博物館の学芸員、安藤佑介さんからの情報を参考にしている。

　これらのおさがりは、奇石として注目されているだけではなく、神秘的なものとしても珍重されていた。[*31] 瑞浪市日吉町の慈照寺はこの「おさがり」が寺宝になっており、おさがりを描いたお札も作られている（江戸末期から明治初期のものだという）。日天という文字が読み取れることから、日のおさがりを描いているのではないかとのことであった（図31）。月のおさがりは、平賀源内からも注目されていた。彼もまた物産会や薬品会を主催していた側の人物であり、1763年に『物類品隲』という書物の中で「月糞」に触れている。彼はこの珍石を、貝の内部に乳水が充填されて固まったものであると記載していた。

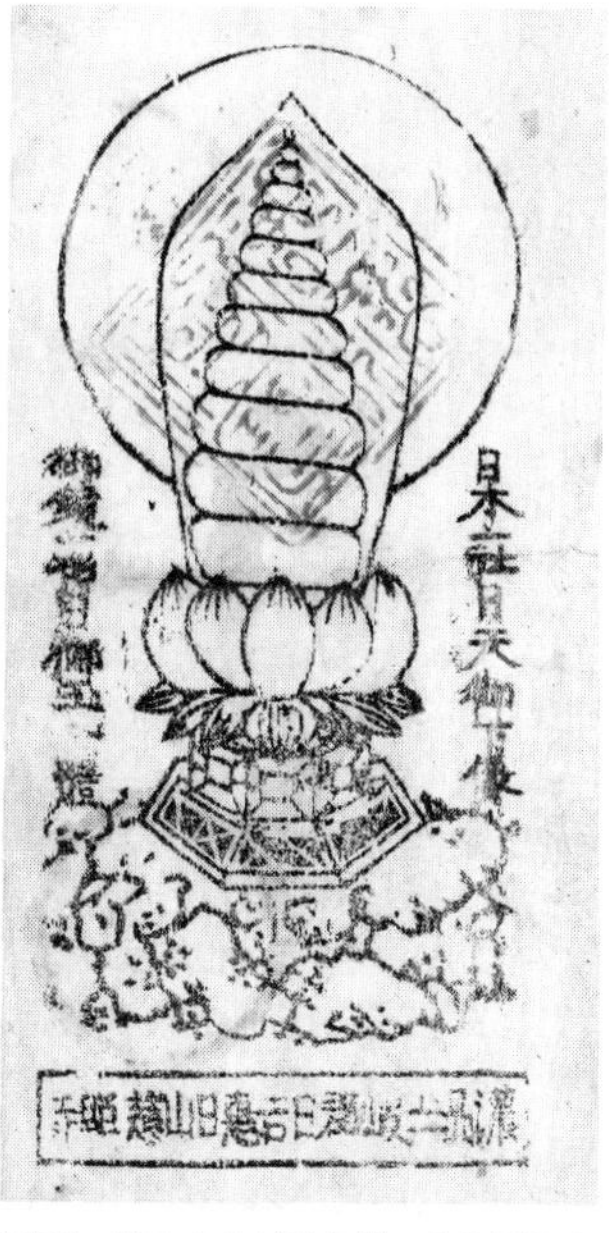
図31　日のおさがりを描いたと思われるお札（瑞浪市化石博物館蔵）

他にも『怪石志』には、いくつかの貝や甲殻類化石に交じって、「天狗嘴石《しせき》」というものがあった。本文には木内石亭の名があり、彼は日本各地で発見されたという天狗のくちばし石を38個所有していたという。天

＊31　珍重された月のおさがりは貝の印象化石だが、本当のウンコ化石もある。恐竜や哺乳類の比較的大型の種のウンコは世界各地でみつかる。ウンコ化石はちびっ子に大人気の「触れる化石」イベントでも定番で、英語ではコプロライト（coprolite）と言い、海外でもやはりちびっ子に人気が高いという。

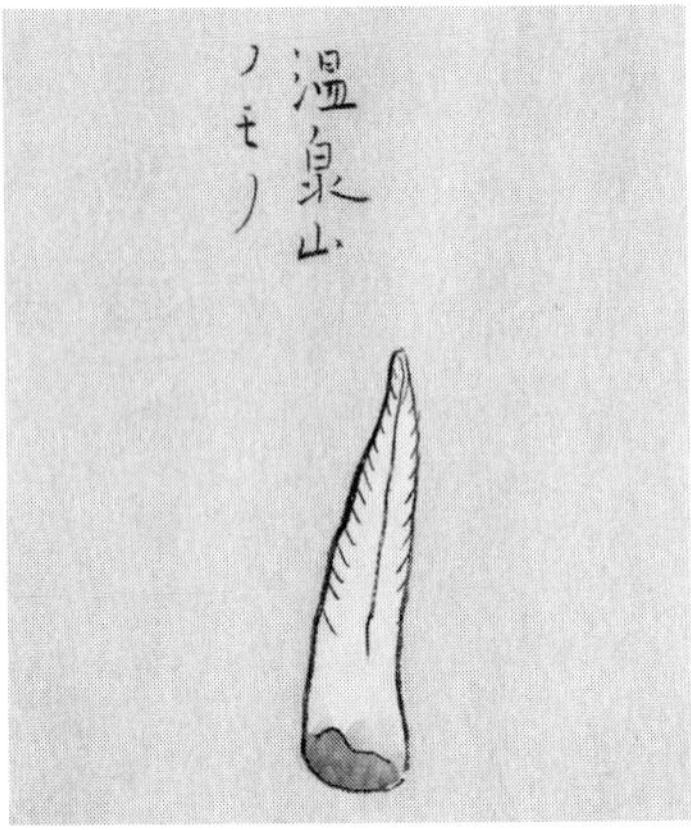

図32　『怪石志』に描かれた天狗のくちばし石

狗嘴石の正体は、おおむね動物の歯が中心であったようである。石亭の手から漏れたものがいくつか記載されており、そのうち肥前国温泉山《うんせんさん》（現在の長崎県雲仙）のものとされたくちばし石は、哺乳類の犬歯であった。歯には大きな溝があり、この特徴からニホンザルの上顎犬歯であることがわかる（図32）。

他にも、第二巻には角化石と象牙化石が記載されている。しかしながら保存状態があまりよくなく、同定は難しい。ゾウは舶来品かもしれない。ツノはシカのものだろうということくらいで、会津漆窪《うるくぼ》村（福島県喜多方市）産のものと、美濃に住む谷氏の収蔵品、という2標本が記録されている。

少し気になったのは、この谷氏の収蔵品の項で「越後ニ至リ馬牙ノ化石ヲ得タリ」というくだりがあったことである。日本産のウマ化石は、岐阜県可児《かに》市から見つかった中新世（1700万年前くらい）のヒラマキウマ[*32]など、稀である。ヒラマキウマは小型で足の指も

3本ある原始的な種であるため、現生のウマと形が大きく異なり、発見されても簡単にウマとは判別できないだろう。この『怪石志』の馬牙が国産だとすると大きな発見になるが、ただ、これも舶来物の可能性があるため、実物を見てみてから判断したいところである。

化石研究者＝蒐集家なのか？

最後に余談だが、一般的な化石研究者・古生物学者には石亭のようなコレクター的志向があるとイメージされているものと思われる。研究室や私室には多くの化石が並び、世界のあちこちを回ってコレクションを増やしている、といったところだ。

私の周辺を見回す限り、このイメージはおおむね当てはまっていると言える。老若男女問わず、古生物学者はみな集めるのが好きなようだ。海外の学会に行くと博物館のミュージアムショップで散財し、お土産がトランクに入らない、という話はいくらでも聞く。

ところがそんな業界にあって、私は化石に対する物欲が全くなく、わりと異端な存在で

＊32　学名はアンキテリウム（*Anchitherium*）。アジアでも最古級のウマ化石である。ただ、この種がずっと日本列島にいて、徐々に進化して現生のウマになったわけではない。歴史時代のいわゆる馬は、古墳時代中期くらいまでに、大陸から移入されてきたものと考えられている。

あった。頂き物でもないかぎり、発掘した化石やら何やらは、そのとき所属していた研究室の棚に置いてきている。研究が終わった標本は発掘現場の近所の博物館に寄付するので、手元にひとつもない。休日に発掘に行くということも、お誘いがなければない。「化石が欲しい」という感情が全く沸かないのは、古生物学者としては特殊体質だと言える。

もともと、小さいころからの化石好きが高じて研究者になったわけではなく、発見や謎解きがおもしろくて研究の道に進んだからだろう。私は科学リテラシーのまったくない幼少期を過ごしており、「カワイルカは川にいる」という言葉を信じて、甲府盆地の底で数年間、登下校中にカワイルカを探し続けていたこともある。カワイルカが南アジアや南米の大河にしか棲んでいないことを知ったのは、中学生になってからだった。山梨県には自然史博物館がなかったため、恐竜の骨格を初めて見たのは大学生になってからで、そのときには実骨とレプリカの違いも知らなかった。県外に出て理学部に入らなければ、きっと盆地の底でスピリチュアルとかパワーヒーリングとかを疑わない人生を送っていたことだろう。

したがって、ワークショップや講演などで化石が大好きな子どもの保護者から「小さいころから化石が好きだったのですよね」と食い気味な先入観を持たれた場合には、少し戸惑いながら「そうなんですよ」と答えている部分はある。とはいえ、私以外はほぼ全員が子どものころから化石が好きで、なおかつ何かしらコレクションをしているだろうから、こういった古生物学者の一般像が正しいことは論をまたない。私のような存在は、極端な例外として忘却してよいものである。

第三章

妖怪古生物学って役に立つの？

あらためて妖怪古生物学とは

本書において私は妖怪古生物学を提唱し、その目的を「近代以前、科学以前の科学的知見を伴う不思議な生類の再検討」とした。

その真理について求めていくとどこに行きつくか、と問われれば、私は「エイプリルフールの延長にある」と答えたい。あくまで本質的な研究の傍らにある遊戯なのである。本書に書かれている内容や解釈はそれぞれを「信じる」「信じない」という軸で考えずに、批評的に見ていただくことが望ましい。謎に対する仮説は（あるていど根拠を持った上で）もっと多様であっていいのだ。教科書に載っていたことも、分野の研究の進展いかんでは間違いが発見されるのが科学の世界である。「信じる」とか「正しい」という言葉はとても怖い。その上に立って、本書が求める妖怪古生物学を考えてみたい。

あまり肩ひじを張って学問的にやるのは私の本意ではない。特に古い文献の記載というのは、「N＝1」である点が再現性を不可能にしているため、学問になりにくい。「N＝1」とは、研究対象の材料個数がひとつしかないということである。例えば、記録された異獣が他の地域に見られず、比較や統計的なデータが取得できない場合である。通常「科学的」という言葉は、定量的な観察を行い、普遍的な法則を見いだす工程も内包している。「科学は数だよ」ということである。ならば一個の化石から新種を提唱する古生物学は科学的ではないというのか、という疑問が生まれるのだが、実際にそうやって古生物学を揶揄する、お高い科学分野もあるにはある。

妖怪古生物学は、N＝1から生まれる稀な現象に興味を持つという点で古生物学と共通する部分がある。これはお高い科学に対する古生物学的な偏屈さがこじれた末の産物と言えるかもしれない。

また、古生物学を取り巻く環境では、演繹法的な世界観と帰納法的な世界観の違いもしばしば取り沙汰される。普遍的っぽい前提や事実をもとに仮説を導くのか、事例をたくさん収集して仮説を立てるのか、ということだ。古生物学は化石を発見してはじめて情報が少しずつ増えていく学問なので、帰納法的な世界になりがちである。

演繹法的に考えると、例えば「レッサーパンダが日本にいない」という前提が一度崩れると（実際に1993年の化石発見の論文によって改訂された）、もともとの「レッサーパンダが日本にいない」という考え方から派生していた枝葉の論理も訂正しなければならなくなる。いっぽうで帰納法的に、将来新たな事実が見つかるかもしれないという前提を踏まえてのんびりと事を構えていくと、結論を出すのにはたいへんな時間がかかってしまう。

そういうわけで、「Aから導き出される答えがBなので、これを皆で信じよう」といった話をすることが目的ではない。日陰でコソコソと情報を集め、その時点で確からしい推論を提言しつつ、また新たな情報が見つかれば、頭を柔らかくしてアップデートする、という作業が望まれる。こういう地味な成果を積み重ねることが好きな方は、きっと少なくないだろう。

こう見ると、古い文献にあるN＝1と、多くの事例があってはじめて仮説を導き出される帰納法的手法はたいへん相性が悪い。学問になりえないというのも、その大きな弱点を今のところクリアすることができないことによる。

このように、妖怪古生物なる学問は、あまり学問っぽくなく、N＝1であっても決してひるむことなく「将来的に帰納法に帰結すること」を前提に進めていく、という感じになるだろう。もしかしたら将来、研究に足る十分な情報が得られるときが来るかもしれないので、そのときまではそれぞれが好き勝手に討論できる空間であるべきなのだ。

一　「分類」という視点から見た妖怪

分類のない世の中は幸せか

そうした妖怪古生物学の立場から、「分類」について少し考えてみたい。

「古生物の研究ってどういうことをしていますか」という質問を、しばしばちびっ子やその保護者の方々からいただく。その答えには、皆さんはどういったものを思い浮かべるだろうか。本書の初めにピラミッドの発掘と似ているとも述べたように、「発掘」が中心だろうか。

「何かの化石を発掘して新種を報告する」。もちろん正解だ。だが、正解はひとつではなくたくさんあるので、「CTなどの医療機器を駆使してこれまで見えなかった構造を解明する」も正解だ。「電子顕微鏡を用いて微細構造の様子を明らかにする」「同位体の分析をして食性や堆積年代を調べる」というのも正解だ。ハイテクノロジーな研究もおこなわれているのである。筆者はそんな中でもローテクノロジーの極北である分類学を専門としている。

分類というのは手法が前時代的で、200年前の古生物学の黎明期からほとんど研究プロセスは変わっていない。発掘道具とカメラ、パソコンがあれば研究するには十分、と豪語する先輩もいる。[*1] 分類なんぞは前時代の遺物だ、と別分野の研究者から思われている節もあるにはあるのだが、そこは私としては少し意見が違っていて、分類学というものは、日常生活を送る上でも実はけっこう重要だと思っている。

こんな例を出してみよう。

意見が対立してしまい、うっかりすると友達を失いかねないことで有名な「イヌとネコ、どっちが好き?」論争をしたことがあるだろう。あるいはお菓子の「キノコ何某、タケノコ何某」論争でもよい。そもそもイヌとネコ、キノコ菓子とタケノコ菓子の分類ができていなければ、この手の論争は始まりもしないのである。互いに「家で飼っている毛むくじゃらの獣がカワイイ」「クッキーにチョコがついているお菓子、おいしいね」などと会話するだけであれば、両陣営とも納得するので争いに発展することはないのだが、そこに分類という業が加わることで各々の正義が譲れなくなるのは、避けられないのかもしれない。

争いが生まれなければそれは幸せでいい、という見方もあろう。だが、頭に浮かぶイメージの統一を行う上で、生き物に限らずすべての事象は分類する必要があるのではなかろうか。細かい話になればなるほど、精度を高めなければならない。「晩御飯に緑の葉っぱを買ってきて」では、買ってきたものがキャベツかホウレンソウかによって夕食のメニューが変わってしまうし、いさかいの発端ともなってしまう。パセリを大量に購入して帰ってきたときのことも考えてほしい。つい今しがた、「分類があるがゆえに論争が起こる」と書いておきながら、分類ができていなくてもいさかいが起こるパターンもあり得てしまうのだ。人間の性《さが》とはなんともやりきれないものだな、と思わせるに十分ではないだろうか。

さて、私としてはどちらかというと分類はしたほうがいいという立場で話を進めたいわけだが、生物学では「分類学の父」リンネが18世紀に提唱した「二命名法」[*2]という分類法が、現在もその制度上で利用されている。命名された種数は200万に迫り、今なお増え続けている。種とは何かを定義できるのかといった、明確な回答を得るのが難しい部分

*1　だいたい合っている。

*2　1735年、Systema Naturae（自然の体系）で提案。二命名法自体は、スイスのガスパール・ボアンが、各地の植物の名前を対照できる『植物対照図表』をつくり（1623年）、その中で属名と種名を併記していた。

ともあるものの、広く用いられている理由として適当なのは「もう後には戻れない」からだとも言える。

化石を分類する研究者にも流派があり、大別して種を分けたがる細分主義者（スプリッター）と、ばらばらに記載されていた種をまとめたがる一括主義者（ランパー）がいる。互いに表立ってケンカを行うことはないのだが、論文を読んでいると、読んでいる無関係者でもゾクリとする皮肉が行間に込められている場面にもたまに遭遇する。巷では「あの人は見つけたものを何でも新種にしてしまう」とか「あいつは特徴がわかってないから全部同じに見えるんだ」などといった悪口が聞かれる。

古生物学の場合、発見された化石の種名を決めないと次の研究に進まないため、現生生物を扱う分類学とは少し離れた位置にある[*3]が、現生生物を扱う中で「種とは何か」を考える哲学的な分野では、活発に論争が続いている。これはたいへん複雑で、そもそも人為的に分類した「種」とは、実在するかどうかということを議論する学問である。これは、研究者の誰もが一度は引きずり込まれる話題で、必然的に宗教観や政治観にまで踏み込まねばならず、興味を持ち始めるとドツボにはまること請け合いである[*4]。

分類は世の中を複雑にしている。これは間違いない。3歳児からみれば恐竜は全部恐竜なのだし、私が現在常駐している兵庫県丹波市の丹波竜化石工房に来て、竜脚類である丹波竜の骨格を見上げて「大きいクビナガリュウだね」と子どもに語りかける保護者ひとりひとりに「違いますよ」と訂正してまわるのは難しい。[*5] 居酒屋で「生中」[*6]を頼んで発泡酒が出てきた場合であっても、周囲がビールだと思ってご機嫌でおかわりしている場合、私は黙って芋焼酎に切り替える。分類される世の中は不幸なのかもしれない。

このあたりに目くじらを立てず、生暖かく見守ることが、分類の沼に堕ちつつも幸せに生活していくコツなのだろう。

＊3　先述した希少な化石標本のN＝1問題がここにも影響している。一個体の化石から種を同定することも多々あるのだ。それが将来、別の種と再記載される可能性も十分にある。

＊4　たとえば三中信宏『分類思考の世界——なぜ人は万物を「種」に分けるのか』（講談社現代新書）に詳しい。詳しすぎて難しいけれどチャレンジする価値あり。

＊5　「竜脚類」のことを「クビナガリュウ」と混同されないための有用な手段が発見できれば、ノーベル賞並みの快挙と言えるだろう。映画「ドラえもん　のび太の恐竜」（1980年）あたりに端を発しているので根が深く、そろそろ父母に加えて祖父母の世代までもが竜脚類をクビナガリュウと教える時代に突入しつつある。

＊6　「生中」がたとえ発泡酒であっても「生ビール」と表記していないので間違ってはいないのだ。

河童の分類から生類を再考する

こういった分類の世界はその必要性から、日本でも中国大陸からの学問を取り入れて発展し、本草学をはじめとして江戸後期には細分化されていったが、基本としては中国大陸の情報をもとにした種の同定であった。もちろん大陸由来の情報に固執していたわけではなく、寺島良安のように国内の事象を集めて中国大陸の文化に付け足した『和漢三才図会』を著したり、平賀源内や木内石亭のように、「脱本草学」を試みた人物が全国各地に現れたりした。

これらの智慧は現代の国内の博物学者にも脈々と受け継がれており、私自身も「荒俣宏妖怪探偵団」の企画で各地を訪れるたびに、地元の名士から多くの知見をいただいている。全国津々浦々で無数の資源が大切に保管されていることが最近実感できるようになってきた。しかし同時に、埋もれたまま発掘されずに忘れられるものもまだまだ多い。

そのような中で、私が見過ごすべきでないとしたのが、妖怪や異獣・異類とされているものたちだったのだ。私が哺乳類化石を扱う研究をしていたから特別興味を持ったというのもあるにはあるのだが、よくよく考えてみると、彼らは近代の分類において必要不可欠

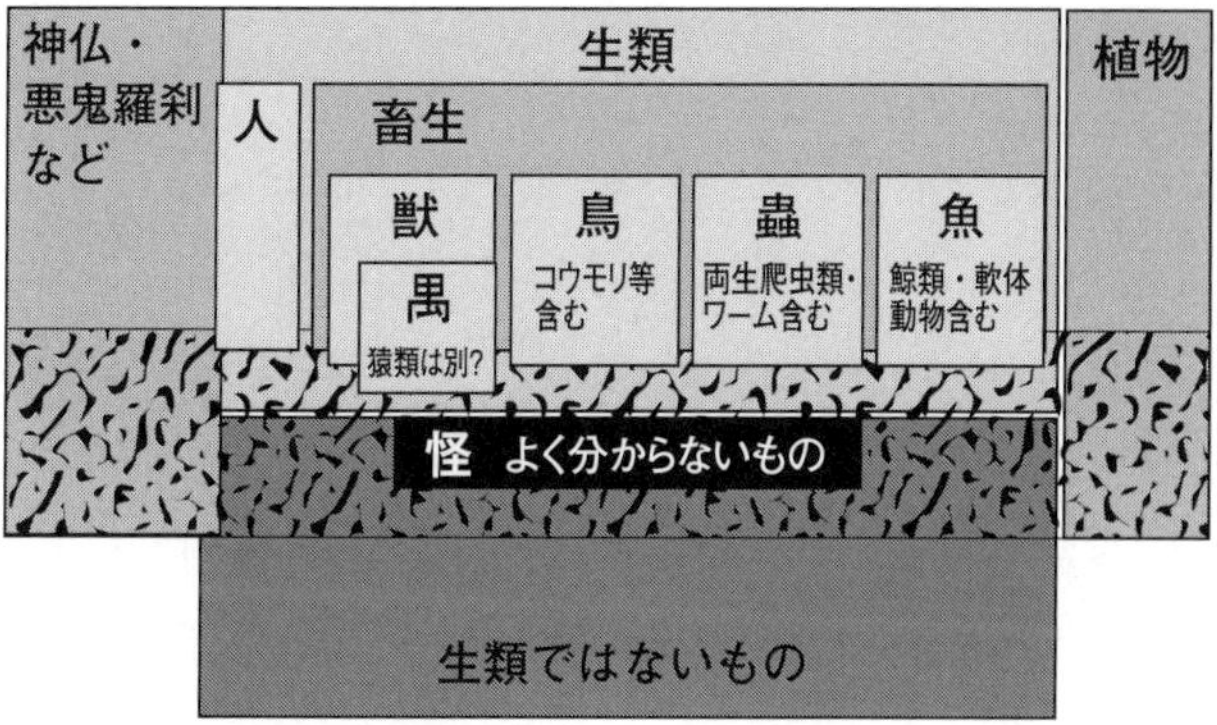

図33　異獣・妖怪の分類概念

な存在であるということに気が付いた。

　本書の冒頭で軽く触れた、江戸時代における「生類」の分類に着目してみよう（図33）。

　中国由来の本草学による生類という枠は、現在で言うところの動物と考えていい。ヒトは分類的には現状と変わりないとして、「畜生類」は大別して獣・鳥・魚・蟲に分けられる。

　獣類のうち、サルの仲間を別枠として「禺類《ぐうるい》」としている。現在の分類でいうところの両生類、爬虫類は「蟲類」に含まれる。蛙や蛇など、漢字にすると虫へんのつく小動物だ。栗本丹洲による『千蟲《せんちゅう》譜《ふ》』（1811年）にはカニ（蟹）やタコ（蛸）も当然含まれている。

　「妖怪」（異獣・異類）は、生類の枠に当てはまる「ヒト」や「畜生」の中において、よくわからない、正体不明なものをすべて放りこんでおく「ゴミ箱分類群」[*7]としての役割が非常に大きかったと考える。不思議なものはいったんすべて妖怪という分類群に放り込んでおくのである。もし正体がわかれば、正しいところに入れなおせばよい。

これは実用性が非常に高かった。山里の怪異は天狗の仕業に、水辺の怪異は河童、海辺なら人魚なのである。こうしておくことで、いったんは生活をする上で支障のないていどに腑に落ちる。異獣に関しては、その当時はわからないまま一時的に記録するが、将来、正体が何かわかるかもしれないという期待が込められている記述もある。再考の余地を残した分類だったと言える。

とりわけ河童という存在が、その典型例として説明できるのではないかと思う。江戸後期には、名称こそ地域差があったが河童の存在は全国でおおむね統一され、河童、あるいは水虎として知られていた。別の土地の名称や絵も、地域の学者が地理的に制限されることなく情報を得ることができたのだ。このような情報は、書籍や絵巻物などによってほぼ同時期に広まり、「それに伴って」各地の河童の目撃譚も増えていった。水辺の不思議なものを放り込む枠としての河童が実用的に成立したからである。

カメのような河童、スッポンのような河童、サルやカワウソなど獣のような河童、くちばしを持った鳥類のような特徴の河童、そしてヒトの姿をした河童。こう見てくると、現代に広く流布している「緑色の体で、頭に皿があり、甲羅を背負い、くちばしがあり、手の指に水かきがあって、二足歩行で……」という「いわゆる」河童は、爬虫類や鳥類、哺乳類などの特徴を持つ、典型的な、言い換えれば「理想的な」河童なのだと思えてこないだろうか。

ただ、河童に関する古い情報をたどっていくと、緑色ではなく赤色をしていた、という話が出てくる。「大きさは三寸程度で、水たまりに無数にいる」という記録もある。また、河童との交流の中で傷がたちまち治る薬をもらう話がある。これらを総合すると、再生能力のあるアカハライモリあたりがここでいう河童のモデルになっているのでは、ということも想起される。

このように、ゴミ箱的な分類群だからこそ、有名どころの河童は元来、統一したデザインに集約しにくいはずである。その困難を乗り越えた「いわゆる」河童像は、非常にすぐ

＊7　英語ではWastebasket taxon（ゴミ箱分類群）という。恐竜では、肉食恐竜を放り込むカルノサウルス類など、一時的な所属先として重宝される分類群がけっこうある。

れた姿と言えるだろう。

江戸の博物学はなぜ花開いたか

さて、西洋のサイエンスが輸入される以前の科学の体系が、現在とは異なる部分はあるものの、日々の生活の中に溶け込んでいたことがおわかりいただけただろうか。ところで、なぜそうした博物学的な素地が江戸時代に花開いたのか。

それには土地の豊かさが多大に影響している。珍しいものに価値を見いだす文化の訪れは、ありていに言って富あってのモノダネであった。

江戸時代の農村といえば、寒村や飢饉、一揆といった印象があるかもしれない。それはあくまで一面的なイメージであったようである。交易で発展した陸海の中継地点では豊かな生活をしている家庭も多く、また当然のことながら藩主などの殿様は様々な趣味や教養を有していた。情報が都心部にのみ集まっていたというわけでも決してなかった。

江戸時代の博物学の発端は薬学、というより健康長寿を求めた実用的な目的があったのだろう。単なる健康長寿だけでなく、不老長寿へのあこがれも強く、室町時代から伝わる八百比丘尼《びくに》のような伝説にも興味を持ち、人魚の蒐集に関してはこのような不老への希求

図34　『万国通商往来』に描かれた人魚

が強く表れていたようだ。実際に当時、多くの人魚のミイラが製作され、実物として語り継がれてきた。需要があったわけである。

これは西洋にも伝播し、日本産マーメイドのミイラは盛んに海外に輸出されていたようだ。維新の後も需要は続いていたようで、明治期の『万国通商往来』という貿易書籍にも、輸出品として人魚や河童が記載されている（図34）。

東洋の神秘として人魚のミイラは重宝されたのであろうが、いっぽうで手を抜いた雑な人魚であってはならず、趣向が凝らしてあった。ただ、残念なことに製作の工程などが記録として残されていないため、どのような創意工夫のもとで「人魚」や「河童」が作られていったかは定かではない。殿様や長者様など、所有者が知のエンターテイメントを享受していただけではなく、商材を取り扱う商人らもまた、殿様や外国の貿易商との間でスリリングな知の応酬を楽しんでいただろうと推測できる。「不思議なもの」には研鑽《けんさん》されたストーリーがあったればこそ、商品の価値も上がっただろうし、語らずにはいられない話が付与されていることも、それを所有する者の所有欲を満足させる大きな要素だったに違いない。

また、コレクションはただため込んでいても十分ではなく、同好の士との語らいがあってこそ輝ける資産となる。

「荒俣宏妖怪探偵団」で訪れた青森県の八戸《はちのへ》藩、南部家の殿様コレクションも珍品の宝庫であった。そこには、河童の尻子玉に代表されるような動物の体内にある「玉」が残されていた。唐獅子玉、エンコウ玉[*8]、狸玉、猩々《しょうじょう》玉、猿玉、鯉玉などがそれである。目録や記録はなく、ただラベルの貼られた実物が残されているだけだったので、その由来はわからない。それぞれが本当に動物の腹の中から出てきたのかというとそうでもなく、玄武岩や堆積岩などのうちで珍しい模様や色のついたものを丸く磨いたものである。由来はともかく、珍しい石を見つけ出して一セットにし、ストーリーを付加して商品化したのであろう。こういう行為は「いかがなものか」と目くじらを立てる方も多いと思うが、それぞれの玉には特徴的な模様があるので、産地などを考え始めると多くが特定できるかもしれない。今の視点や価値観は、江戸時代と一緒でなくてもいいのである。

私が危惧しているのは、現代において、これらの研究推進が公的な機関に頼らざるを得ない状況になっていることである。「いやいや、在野の研究者で頑張っている人は多い」とおっしゃる方もおられるだろうが、冷静に、在野の方々の平均年齢を少し思い描いてみてほしい。

高校の先生をしながら研究を続けるとか、会社から帰って書斎にこもるとか、そういった活動はもう間もなく絶えてしまいそうなのである。不謹慎ながら標本を遺されても家族にも価値がわからない場合、情報は散逸してしまう。その前になんとかしておきたい。私自身が世を忍ぶ仮の職業としてまちおこしに携わっている関係からも、膨大な知のコレクションは地域の宝になり得るので、こだわって残されるべきだと考えている。何より公的機関には収蔵の余裕がなく、なんとか対応してくれたとしても、担当が異動してしまうと数年で収蔵品はゴミ同様に扱われてしまう現実がある。

このような状態は何とかしたいと思っているが、なかなかめどは立たない。つい、ありもしない数奇な殿様の再来を強く望んでしまうのである。

＊8 『桃洞遺筆』（小原桃洞の遺稿として1833年に出版）では、猿猴（エンコウ）はテナガザルとしている。

二　復元と想像・創造のはざま

暗い話になってしまったが、最後に一人の科学の徒としての立場から、科学の意義のようなものについて思うところを述べてみたい。

第一章でツノについて扱った。東洋の龍のツノは枝分かれがひとつだけで描かれているものが多いが、そういったものを見て私は「まだ若い個体なのかな」とか「ツノの価値が相対的に低下した、派生的な形質なのかな」とかつい考えてしまう。また、龍の伝説によく付随している「前肢の指が多いほうが偉い」「5本指は中華皇帝の象徴」などという見方については、偉い偉くないは科学的ではないため無視するとして、「近縁種どうしで5本指と3本指とを比較すると、前者のほうが原始的だなあ」という感想が生じる。こういうのは一度身につくと取り返しのつかない、古生物脳ともいうべき悪癖だ。

2016年に荒俣さんらと妖怪探偵団を組織する以前、私は化石特捜隊として活動もしていた。[*9] 活動の場は美術大学やSF大会で、前肢が5本指の怪獣は原始的なのではという話や、第一章の鬼の項で取り上げた、ツノ付きの怪獣が積極的にヒトを襲うというのは何かしらヒト側に問題があったのでは、などの考察を展開していた。

このように専門家がこだわって見てしまうことは、他分野においても多々類例はあろう。ただ、鬼や悪魔のツノに関するイメージは、形態学者であっても信仰の前提として疑ったり気付いたりということはなく、21世紀の現在まで疑問として表在化してこなかったようである。まだまだ固定化されたイメージが日常生活に潜んでいるかもしれない。

こういった中で、例えばファンタジーの世界観に入ったときに気づくことがあるので、そのあたりについて述べていきたい。全ての古生物学者がそうではないが、私はたまたま創作畑の方々と交流があり、講演などでもその分野の方々向けに話をする機会があったので、そのあたりから感じることがあるのだ。

化石の復元と美術の視点

まず、化石の復元という行為は、私のばあい自分自身で行っていた。復元という行為は

＊9　古生物側から渡部真人さんと私、古生物復元として小田隆さん、徳川広和さん、作家の富永浩史さんらを中心に任にあたった。

図35　ニホングリソンの復元画

化石をもとに復元画を描いたり、復元模型を作ったりすることで、これには最低限、公にするレベルに達するまでに膨大な技術取得時間が必要となる。にもかかわらず研究者自身で行ってきた背景には、単に周囲にそういう技術者がいなかったからである。技官などとともに、日本の学術業界では絶えて久しい。

私自身も自分で論文に記載したニホングリソンの復元画をがんばって描き（図35）、骨格を3DCGで作った。ただ、その過程で気づいたのは、「一人でやったらいかん」ということであった。

復元という行為は、普及や公表のため、自分や近しい研究者以外に知ってもらう意味を多分に含んでいる。これを一人でやってしまうと、こうやって本でも書かないかぎり、自分の知り合いにしか届かない。仮に復元画を他の人に描いてもらえば、その人の知人にも広がるのではないか？　そう考えたとき、復元はできるだけ別の人がやったほうがいい、という思いに至ったのだ。作家といっしょに行うことで、作家のファンにも伝わるのである。

これは変に普及活動をするよりよほど効果があり、研究プロジェクトに研究の普及も含めるのであれば、結果的にリーズナブルに成果を出すこともできる。広報よりも一人の作家のほうが、よほど広報力があったりする。[*10]

利点はそれだけではない。研究をしていく過程で見えてこない部分を、作家との復元のやり取りをしている最中に見つけることがある。

やや専門的な話になるが、どういうことか説明しよう。

美術的な美しさの視点は、時として機能的美しさと整合する。そのクロスする部分こそが、特に絶滅した生き物においては、現代によみがえらせる際に最も合理的なポイントではないか、と私は考えている。自分とは異なる別の視点から問いかけられることによって、

＊10　読者に研究者の卵がいることを想定しての提案だが、研究成果をビジュアル化する際に、近場に美大があれば、興味を持ってもらえる学生と一緒に小さなプロジェクトをおこしてみてはいかがだろうか。きっと、大きな反響があるはずである。

研究だけでは気付かないことも見えてきたという話は、復元の監修を経験した研究者周りで聞かれることである。

復元も監修も、プロデュースも経験したことがある身として、[*11]復元をする過程でそれぞれの立場で重要になる点が見えた。

監修者の立場では、容赦なく赤を入れる。特に初めて組んだ作家には、膨大な共有事項の提示や大量の論文を送付し、さらに実作業に移ってからは膨大な修正を行うので、慣れていないと普通に泣かれるだろう。かといって、赤の入り方は慣れてくると減るわけでもない。その理由としては研究者もラフスケッチをもらうたびに新しい考えが浮かんできて、より精密な段階になれば、それなりに言いたいことも精密になってくるからである。ビジュアル化は時として新発見につながりうる。

作家の立場では、必ずしも得意分野からの依頼が来るとは限らない。少し分野が違うだけで使っている言葉が変わり、勉強することが多い。私のばあいで言うと、哺乳類なら大体わかるが、カメの化石を復元する際には基礎的なところから学ぶ必要がある。わからないまま適当に進めると、けっきょく最初からやり直すことにもなり、傷口はより深くなる。前述のように復元工程が進むほどに指示は細かくなるので、ごまかしはきかない。学校を卒業したら勉強はおしまいというわけではない。いくつになっても勉強は大事である。

プロデュースの立場というのは、主にスケジュールの管理や分野の異なる世界どうしの「翻訳」作業が中心となる。また研究者、作家両方のこだわりポイントを見極めねばならず、これについてうまく調整できずにスケジュールが破綻した話は少なくない。これは耳にするとホラー映画よりゾッとする。監修をつけるのをためらうプロデューサーが多数を占めるのは、この辺りの「読めなさ」を嫌うからだろうと思われるが、それは単純に不勉強であるとしか言いようがない。しっかり監修しようとする研究者はレフェリーの目をしてじっくり作品を観察するし、それにこたえようとする作家は、膨大な仕様の山から情報を取り込まなければならない。仮に本格的な復元を標榜する事業であるならば、それなりの覚悟が必要だ。研究者も作家も、時間の管理をしてもらう人がいればたいへん助かるので、重要な仕事ではあるのだが、現実問題としてはかなりハードルが高い。

とはいえ、2010年くらいからこういった活動を、日本古生物学会を中心に地道に叫

＊11 復元は主に3D骨格制作、監修は造形や書籍、プロデュースは博物館の復元プロジェクトなど。プロデュースという言葉が出ると、途端に怪しくなるので面白がって使ってみたが、地味な言葉に翻訳すると、管理事業である。

び続けていった成果があってか知らないが、近年では様々な場面で成果物や、プロジェクトそのものの公表が見られるようになってきた。

復元という作業の本丸は、私は実は復元プロセスの公表にあると思っている。制作の途中を記録し、それすら見せたいのだ。なぜかというと、復元作業には、当たり前だが研究の要点が集約されているからである。没になったもの、赤の入ったイラストなども、捨てずにとっておくと、それにも十分な価値がある。なぜ没になったか、その理由こそが、小さくて、大きな科学の前進なのだ。研究者と作家の哲学が、本当の意味で融合する瞬間だ。ことさら古生物学の世界では、誰も見たことのない生き物を復元する場合もあるので、この辺りがシビアになってくるものの、一番の見どころであることは間違いない。

さらに、何を見ていたか？　という視点は、古い文献を読むときに私が常に心掛けているポイントでもある。

「サイエンティフィックアート」と「サイエンスとアートの融合」の違いもここで言及しておこう。前者はサイアートなどとも呼ばれ、科学分野における芸術活動である。これには、もろ手を挙げて賛同する。後者は、部分的に厳しい視点で当たらなければならない事例もある。サイエンスもアートも知らない人が、両者を捕まえて何かアート的なものをつくって「融合」という商品を作り出すこともないわけではない。違いは理解度の差である。科学的に美しいものは、たぶん、美術的鑑賞にも耐えうる。逆に科学がよく理解されないまま、依頼によって作られた「アート作品」は、たとえば博物館の敷地の片隅で、見向きもされないモニュメントと化している。科学礼賛に浮足立つと、その時代に権力を持っていた人々は何かしら足跡を残したがるのが常である。残念な「アート作品」が設置されて恥をかくのは当人たちではなく、それを目の当たりにしたときの専門家であることを忘れないでほしい。それこそ、耳たぶが真っ赤になるくらい恥ずかしいのだ。

創作畑に足を突っ込む

研究者周りに、漫画や特撮、アニメなどのいわゆるサブカルチャー好きは多い。これは国内に限ったことではない。例えば古生物学の中でも、恐竜を扱う業界では、教養としてゴジラをひととおり観ておく必要に迫られているといってもいいだろう。[*12] そろそろ、幼

---

*12 やや誇張している。とはいえ、名作はいずれも国際社会で必要な教養となっているので、高校生くらいまでに学んでおくとよいだろうと思われる。

年期にゴジラを体験し、それがきっかけとなって古生物の世界に入っていった研究者たちが、世界各地で大御所となりつつある。

美術大学の卒業制作にたびたび顔を出している際に気付いたことがある。個人的な話だが、卒業制作鑑賞を行うのは、人材発掘の意味合いが強い。ある年に、創作系の卒業制作作品のコーナーで、ツノが付いている架空生物や人物がどれくらいの頻度で描かれているかを調べたことがある、と鬼のツノの段で述べた。結果としてそのコースでは3割弱の作品にツノ付きの生き物が登場していた。ツノは大人気だったと言うに十分な数値であろう。

私はファンタジー要素としてツノの存在を否定する立場にはない。だが、ツノを付けたいなら「なぜツノが付いているのか」その形態にストーリーを付与したほうがいいと考えている。作品に説得力を持たせるには、まず現実世界の普遍的な事実を教養として学んでいなければならない。作品の深みは、作者の教養によってこそ広がるものであって、「なんとなく」とか「ビビッと来たから」から脱却し、消費者に永く愛されるようなものづくりを目指してほしい。ここでは「肉食する生き物でツノ付きはいない」という大前提のことだ。

本書の意図のひとつとして、これまで書かれてきたことに対して読者の皆さん一人ひとりが自ら考えてみて、自分ならこれらをどう考えるか、それぞれの立場でいろいろと模索できるようにまとめているつもりなのだが、この応用は特に、創作の場においてたいへん効果的だろうと思っている。もちろん、考えるためにはその土台となる知識がたくさんあるべきで、勉強しようね、というエールも多分に含まれている。説得力のある創作物が、これからたくさん増えていくことを強く望みたい。

ここは大事なところなので、もう一度述べよう。勘違いしていただきたくないのは、私はツノのある架空生物が肉食をしていたり、ヒトを能動的に襲ったりしてはいけない、と言っているわけではない。ツノは植物食の動物に付いている、という生物の基礎ルールを知った上で、どうフィクションとしてつじつまを合わせるか、そういうところが肝心なのではないか、と問うているのである。こういった考察を整合させることで、作品は深みを増し、大きいお兄さんお姉さん諸氏の琴線に深く触れられるのではないか、という提案なのである。

図36　伊藤若冲「象と鯨図屏風」(部分、MIHO MUSEUM蔵)

けものの歯はノコギリ型か？

現実的なところで、研究者間でたびたび指摘があるのは「歯」の描写のほうかもしれない。皆さんは動物たちの歯をしっかりとご覧になったことがあるだろうか。

前歯と後ろの歯が異なる動物は、基本的に哺乳類である。[*13] これを異歯性といい、前歯や犬歯で取り込んで、奥歯で切ったり砕いたりする、というように、機能ごとに形も違う。これが魚や恐竜、爬虫類などだと、同歯性で前も奥も基本的に同じ形であり、機能も差がない。[*14]

各家庭にある漫画を開いてみて、描かれている動物の歯のかたちを観察してみよう。

同歯性、異歯性は生き物の区別で重要なのだ。なぜなら歯は生命を維持するための大事な器官であり、ここに個体差や個性があると種の存続が危ぶまれるからである。前歯と奥歯が異なっていたり、牙があったりするのは、基本的に哺乳類のみと考えてよい。哺乳類は、歯の位置によってそれぞれ機能が違う。前歯は草を刈り取りやすかったり、噛みついた獲物を逃がさないようになっているし、奥歯は草をすり潰したり肉を細かく切ったりしやすくなっている。オオカミが前歯から奥歯まで同じ形のギザギザの歯で吠えていると、がっかりしてしまうのである。[*15]

あの伊藤若冲《じゃくちゅう》ですら、ゾウの歯については、かなりごまかして描いている。若冲の動物画のなかで、ゾウだけは……という思いはあるのだが、あれはあれで人気があるという。若冲の絵ではゾウが一番好き、という方もおられるだろうが、私は、若冲が実物を観察してしっかり描いたゾウをひとめ見たかった。

＊13 ここで「単弓類は？」と問う読者は、こちら側にいるので、ともに古生物学の普及にまい進していただきたい。
＊14 ここで「同歯性でも一番力の加わる部分の歯が大きく、獲物を捕らえるのに機能が違うのでは？」と問う読者は、こちら側にいるので、ともに科学普及にまい進していただきたい。
＊15 よい例として、主人公がイヌではあるが、高橋よしひろの漫画『銀牙―流れ星 銀―』（ジャンプ・コミックス）はしっかり歯の描き分けがされている。

観察というまなざし

すぐれた情報の抽出の成果は、写実にのみ宿るわけではない。例えばそれはデフォルメの世界においても有用で、観察が基礎的な教養となる。必要な情報のみに絞ったオッカムの剃刀的な説明は、たいへん効率的で、デフォルメの力は科学を普及させる上でも重要な役割を果たす。観るものに訴えるポイントを鮮やかにするからだ。学術論文においても、キレイな写真では情報量が多すぎてわかりづらく、かえってイラスト化したほうが理解しやすい、という事例がままある。

余分な情報を削ぎ落し、伝えたい部分を大胆に残すことで、このような、すべての基本となる観察は、本書でみてきた妖怪や異獣・異類に数え上げられる生き物にも適用されてきている。

妖怪の記録が、写真やビデオカメラがなかった時代において、それでもかなり細密だったことは、これまで読み進めていただいた中でご理解いただけたと思う。これらは、現代の比較に耐えうる情報をも含んでいて、再度見つめなおすことで見えてきたものが多々あった。先人たちの観察のおかげである。

ここから見えてきた妖怪像について、最後にまとめてみよう。

妖怪、というと、ステレオタイプの河童や鬼、天狗などが想起されるため、なんとなくイメージが固まっていったもの、という印象がある。しかしながら、具体的な観察記録のもとに記録された種も少なくない。記録を紐解くと、具象か抽象かの二元論で問えば、具象なのである。これは、目撃や体験がベースにあるからで、したがって抽象的な妖怪というのは構造的に生まれにくい。異獣や異類のような具体的なものであったり、カマイタチのような実体を伴わない現象も、結局は具象を切り取ったものだ。当時の科学では説明できず、不思議であったとしても、曖昧ではない。だから、ゴミ箱的とはいえ当時の分類の枠に収まった。

今、妖怪と呼ばれているものの多くは、不思議を実体化させるために不可欠な概念であったと言えるだろう。

あとがき

本書では古生物学的視点から古い文献を読み、考えを巡らせてきた。二度、三度は本書を壁に投げつけたくなるような部分もあったろうかと思われる。私の至らぬ部分であり、貴重な時間を失わせてしまったことを深くお詫び申し上げる。もし、二度、三度と「自分だったらこう考えるのにな」という部分が見られたならば、それは私にとっては、読後の感想をいただくよりもうれしいかもしれない。

感想はあまり重視しないのか、と言われるとそういうわけではない。私もこれまで「残念だ」「すばらしい」「悪癖だ」と、散々自分の感想を書いてきた。ただ、これらすべての感想は、私の素直な意見かもしれないし、皮肉こもっているかもしれないし、ミスリードを促す枕かもしれない。読み取って遊びに使っていただく分には構わないが、字面を追うだけでは本意と異なる論述と取られる可能性も否定できない。感想とは、ことさら気をつけて扱わなければならないシロモノなのだが、小中高の基礎教育では疑うことより素直に読み取る教育が重視されすぎていて、ちゃんと伝わっているか心許ない。

したがって、あえて書こう。フィクションであると。突破することの困難な、予防線だ。引用文献は実在する。だが、地の文においては、もしかしたら何かしらの意図が入っていてフィクション化されているかもしれない。もう何度も繰り返し申し上げているが、これらを、信じるとか、信じないとか、そういう観点で評価されるのは本意ではない。「鵺はジャイアントレッサーパンダだと思います！」などと言われても、私自身が困惑する。議論の発生喚起こそが目標なのである。新書というジャンルで出すからには、娯楽性ではなく、何か読者に訴えるポイントがあるべきであるが、私としては、大風呂敷かもしれないが、あらゆる分野においての考える道筋を提示したつもりである。

そして、考えを述べることとは、争いを生むものではなく、本来は双方が納得のいく結論を導くための過程で不可欠な要素だということも同時に強調したい。

「和を以て貴《たっと》しとなし、忤《さから》うこと無きを宗とせよ」

と、ほんの1400年前に憲法で定められて以降、国内において議論することは「偉い人に逆らうもの」と解釈されてきたふうにも思えるのだが、時と場合によっては、上意に抗うほうがうまくいくこともある。特に、誰も経験のない課題や長らく解決できていない課題に取り組む際には、経験に基づく和を優先していては進まない。

本書では古生物と異獣・妖怪を題材に、この日本の根底に流れている憲法思想に果敢に挑んだつもりである。もっとざっくばらんに語り合おうと、キャッチボールにおける最初の一投を放ったのだ。

もちろん、これにけしからん、と目くじらを立てる向きもあろう。責があれば、その責はすべて私個人にある。

わざわざ名古屋の講演まで足を運んでいただき、本書の企画をご提案いただいたNHK出版の編集者、田中遼さんをはじめ、本書をまとめるにあたってご指導ご鞭撻を仰いだ方々に累が及ぶことは避けたいところだ。

日本各地を旅し、不思議を紐解いていった荒俣団長、「荒俣宏妖怪探偵団」の方々、そして現地で対応してくださった専門家の皆さまには、様々な示唆をいただいた。妖怪探偵団の企画がなければ、きっと鵺の考察あたりでそれ以上調べるのを止めていただろう。特に信州特集がなければ、『信濃奇勝録』に出会うことはなかっただろう。私が弾圧され、累が及ぶ事態になったらお詫びの言葉もない。また『信濃奇勝録』原文の読解は、丹波市職員の荒樋和実さんに厳しくご指導いただいた。アクアプラントの守亜さんには、各章のトビラに印象深いイラストを描いていただいた。

古生物学方面には、こういった企画はいい迷惑であろう。ただでさえ、居丈高な分野からは冷ややかな目で見られている。「曖昧なモノなど書かずに論文を書け」。ごもっともである。内心きっと面倒がられながらも、お付き合いいただいた方々には、頭が上がらない。

感謝の念を述べたい方には、いずれ直接御礼申し上げたい。

もちろん、本書を手に取っていただいた読者の皆さまにも同じ思いでいる。「私も実は幽霊が見えるんです」とか「それでもネッシーは実在しますよね」とか「50年来の研究成果を開陳したいので聞いてくれ」とか、そういう面倒ごとでなければ、私自身はフィクションではなく実在するので、感想、議論は大歓迎である。いつかお目にかかれることを、私も楽しみにしている。

参考文献

第一章

・周程「福沢諭吉の科学概念――〃窮理学〃〃物理学〃〃数理学〃を中心にして」(２０００年、慶應義塾大学、福澤諭吉年鑑 27, 93-111.)

・太刀川清「怪談の弁惑物――亡者片袖説話の場合―」(２０００年、上田女子短期大学「学海」16、11-18)

・『日本の謎と不思議大全　東日本編』(２００６年、人文社)

・古厩忠夫『裏日本―近代日本を問いなおす』(１９９７年、岩波新書)

第二章

・Sato J.J., Wolsan M., Minami S., Hosoda T., Sinaga M.H., Hiyama K., Yamaguchi Y., Suzuki H. 2009. Deciphering and dating the red panda's ancestry and early adaptive radiation of Musteloidea. *Molecular Phylogenetics and Evolution* 53 : 907–922.

・Sasagawa, I., Takahashi, K., Sakumoto, T., Nagamori, H., Yabe, H., Kobayashi, I., 2003. Discovery of the extinct red panda *Parailurus* (Mammalia, Carnivora) in Japan. *Journal of Vertebrate Paleontology*, vol. 23, no. 4 : 895–900.

・Wallace, S.C., and Wang W.,. 2004. Two new carnivores from an unusual late Tertiary forest biota in eastern North America. *Nature*, 431 : 556-559.

・Ogino S, Nakaya H, Takai M, Fukuchi A, Maschenko E.N, Kalmykov N.P. 2009. Mandible and lower dentition of *Parailurus baikalicus* (Ailuridae, Carnivora) from Transbaikal area, Russia. *Paleontological Research*. 13 (3) pp.259-264.

・Salesa M.J., Anto, n M., Peigne S., Morales J. 2006. Evidence of a false thumb in a fossil carnivore clarifies the evolution of pandas. *PNAS* vol. 103, no.2 : pp. 379-382.

・高橋啓一「脊椎動物化石とその起源」（URBAN KUBOTA　NO.37　特集「古琵琶湖とその生物」１９９８年）

・今井功「江戸時代の竜骨論争」（１９６６年、地質ニュース）

・風来山人『天狗髑髏鑒定縁起』（１７７６年、風来山人はペンネームで平賀源内著）

・福田安典「風来山人『天狗髑髏鑒定縁起』考」（１９８７年、待兼山論叢文学篇 21。p.1 ～ 20）

・杉田玄白『蘭学事始』（１８１５年）

・齊藤純「大蛇と法螺貝と天変地異」『モノと図像から探る怪異・妖怪の世界』（２０１５年、天理大学考古学・民俗学研究室編　47–69）

・西村白鳥編「煙霞綺談」（三河国・遠江国近辺の巷談。林自見の「市井雑談」の続編の位置づけ。安永２（１７７３）年。日本随筆大成より）

・荒俣宏・荻野慎諧・峰守ひろかず『荒俣宏妖怪探偵団ニッポン見聞録　東北編』（２０１７年、学研プラス）

・香川雅信・飯倉義之（編著）、小松和彦・常光徹（監修）『47都道府県・妖怪伝承百科』（２０１７年、丸善出版）
・国立環境研究所　侵入生物データベース
・山口県文書館「文書館動物記　―書庫に棲む動物たち―　15」
・Daxner-Höck, Flying Squirrels (Pteromyinae, Mammalia) from the Upper Miocene of Austria. 2004. *Ann. Naturhist. Mus.* Wien. pp. 387-423.
・浜口哲一・盛岡照明・叶内拓哉・蒲谷鶴彦著『日本の野鳥』（１９８５年、山と渓谷社）
・Zdansky, *Jungtertiäre Carnivoren Chinas*. 1924. Palaeontologica sinica.
・Shikama T. 1949. The Kuzuü Ossuaries. *Sci. Rep. Tohoku Univ. Second Ser.* 23. pp. 1-201.
・Wolsan and Sotnikova. Systematics, evolution, and biogeography of the Pliocene stem meline badger Ferinestrix (Carnivora : Mustelidae). *Zoological Journal of the Linnean Society*, 2013, 167, pp. 208-226.
・Bjork, 1970. The Carnivora of the Hagerman local fauna (late Pliocene) of southwestern Idaho. *Transactions of the American Philosophical Society*, New Series 60 (7) : pp. 1-5
・栗東歴史民俗博物館編『石の長者・木内石亭』（１９９５年、特別展図録）
＊古文献からの引用は読みやすさを重視し、適宜現代仮名遣い、新字体に改めました（文献名についても同様）。

写真提供・所蔵先一覧

図1　東北大学附属図書館
図2　Animals Animals / PPS通信社
図3、11、17　Alamy / PPS通信社
図4、24　ユニフォトプレス
図5　Aldea / PPS通信社
図7　東京都立図書館
図10、13　早稲田大学図書館
図15、19、26　OASIS
図14、16、20、21、22、25、27、29、32、34　国立国会図書館
図18　Science Source / PPS通信社
図30、31　瑞浪市化石博物館
図36　MIHO MUSEUM

荻野慎諧 おぎの・しんかい
山梨県生まれ。鹿児島大学大学院理工学研究科
生命物質システム専攻博士課程修了、理学博士(地質・古生物学)。
京都大学霊長類研究所、産業技術総合研究所の研究員を経て、
株式会社ActoWを設立。
全国各地で古生物を活かした地域づくりを行う。
古生物学の視点から日本各地の古い文献に出てくる妖怪や
不思議な生き物の実体を研究する「妖怪古生物学」を提唱。
著書に『荒俣宏妖怪探偵団 ニッポン見聞録』
(荒俣宏、峰守ひろかずとの共著、学研プラス)。

NHK出版新書 556

古生物学者、妖怪を掘る
鵺の正体、鬼の真実

2018年 7月10日 第1刷発行
2024年11月25日 第3刷発行

著者 荻野慎諧
発行者 江口貴之
発行所 NHK出版
〒150-0042東京都渋谷区宇田川町10-3
電話 (0570) 009-321 (問い合わせ) (0570) 000-321(注文)
https://www.nhk-book.co.jp (ホームページ)

ブックデザイン albireo
印刷 新藤慶昌堂・近代美術
製本 藤田製本

Printed in Japan ISBN978-4-14-088556-7 C0245

NHK出版新書好評既刊

生きものは円柱形
本川達雄
ミミズもナマコもゾウの鼻も、いやいや私たちの指や血管だって——。なぜ自然界にはかくも円柱形が溢れているのか？ 大胆に本質へと迫る、おどろきの生物学。
540

絶滅の人類史
なぜ「私たち」が生き延びたのか
更科 功
ホモ・サピエンスは他の人類のいいとこ取りをしながら生き延びた!? 人類史の謎に、最新の研究成果をもとに迫った、興奮の一冊。
541

マインド・ザ・ギャップ！
日本とイギリスの〈すきま〉
コリン・ジョイス
日本とイギリスを行き来する英国人記者が、二つの国の食、言語、文化、歴史などを縦横無尽に比較しながら綴る、知的かつユーモラスな「日英論」。
542

シリーズ・企業トップが学ぶリベラルアーツ
「五箇条の誓文」で解く日本史
片山杜秀
「五箇条の誓文」を切り口に、江戸から明治、平成にかけての問題点を明快に説く。有名企業幹部が学ぶ白熱講義を新書化！
543

ダントツ企業
「超高収益」を生む、7つの物語
宮永博史
セブン銀行、アイリスオーヤマ、中央タクシー——不況でも「超高収益」を生み続ける会社に注目し、「儲かる仕組み」を明快に解説する！
544

教養としてのテクノロジー
AI、仮想通貨、ブロックチェーン
伊藤穰一
アンドレー・ウール
AIやロボットは人間の「労働」を奪うのか？ 仮想通貨は「国家」をどう変えるのか？ 「経済」「社会」「日本」の3つの視点で未来を見抜く。
545

NHK出版新書好評既刊

読書の価値
森 博嗣
なんでも検索できる時代に本を読む意味とは？本選びで大事にすべきたった一つの原則とは？人気作家がきれいごと抜きに考えた、読書の本質。
547

声のサイエンス あの人の声は、なぜ心を揺さぶるのか
山﨑広子
声には言葉以上に相手の心を動かし、私たちの心身さえ変えていく絶大な力が秘められている――。その謎に満ちた「音」の正体に迫る！
548

悪と全体主義 ハンナ・アーレントから考える
仲正昌樹
世界を席巻する排外主義的思潮といかに向き合うか？トランプ政権下のアメリカでベストセラーになった『全体主義の起原』から解き明かす。
549

「産業革命以前」の未来へ ビジネスモデルの大転換が始まる
野口悠紀雄
AI・ブロックチェーンの台頭により、産業革命以前の「大航海の時代」が再び訪れる。国家・企業・個人はどうするべきか。500年の産業史から描き出す！
550

なぜ、わが子を棄てるのか 「赤ちゃんポスト」10年の真実
NHK取材班
なくならない育児放棄に児童遺棄。日本にたった一つの赤ちゃんポストを通して、日本社会が抱える深い闇を浮かび上がらせる。
551

新版 議論のレッスン
福澤一吉
議論にも、スポーツと同様にルールがある。ロングセラーの旧版に新たな図版・事例を付して、大幅な加筆を施したディベート入門書の決定版。
552

NHK出版新書好評既刊

553
「ミッション」は武器になる あなたの働き方を変える5つのレッスン
田中道昭
あなただけのミッションを言葉にできれば、「仕事の迷い」は一瞬で消える。立教大学ビジネススクールの白熱授業を完全再現！

554
国語ゼミ AI時代を生き抜く集中講義
佐藤優
教科書を正確に理解する力をベースに、AIに負けない「読解力＋思考力」を養う。著者初の国語トレーニング、練習問題付き決定版！

555
日本百銘菓
中尾隆之
知る人ぞ知る実力派銘菓から、定番土産の裏話まで。無数に存在する銘菓のなかから百を厳選し、エッセイ形式で紹介する。オールカラーの決定版！

556
古生物学者、妖怪を掘る 鵺の正体、鬼の真実
荻野慎諧
鬼、鵺、河童……古文献を「科学書」として読むと、怪異とされたものたちは、全く異なる姿をあらわす!? 科学の徒が本気で挑む知的遊戯。

557
脳を守る、たった1つの習慣 感情・体調をコントロールする
築山節
60代を過ぎて老年期を迎えた脳は「鍛える」のではなく「守る」もの。「1日1頁、5分書くだけ」で、脳の機能は維持することができる！